조선의 과학기술

문화원형 창작소재 활용가이드북
조선의 과학기술

초판 1쇄 발행 ㅣ 2008년 4월 30일
초판 5쇄 발행 ㅣ 2024년 7월 1일

엮은이 ㅣ 한국문화콘텐츠진흥원
글쓴이 ㅣ 박상표
펴낸이 ㅣ 조미현

펴낸곳 ㅣ (주)현암사
등록 ㅣ 1951년 12월 24일 · 제10-126호
주소 ㅣ 04029 서울시 마포구 동교로12안길 35
전화 ㅣ 365-5051 · 팩스 ㅣ 313-2729
전자우편 ㅣ editor@hyeonamsa.com
홈페이지 ㅣ www.hyeonamsa.com

ISBN 978-89-323-1466-2   03400

조선의 과학기술

한국문화콘텐츠진흥원 편
박상표 글

현암사

조카들에게 들려주고 싶은 조선 시대 과학기술 이야기

나에게는 '진주, 진민, 진영, 수경, 수연'이라는 예쁜 조카 다섯이 있습니다. 조카들 중에서 맏이인 진주와 수경이가 무럭무럭 자라서 이제 초등학교 5학년이 되었습니다.

나는 어린이에서 청소년으로 성장해 가고 있는 조카들에게 눈부신 속도로 발전을 거듭하고 있는 오늘날의 과학과 기술이 옛날 조선의 역사 속에 어떤 뿌리를 가지고 있었는지 들려주고 싶어 이 책을 쓰게 되었습니다.

예를 들면, 위성항법시스템GPS은 세계 어느 곳에서든지 인공위성을 이용하여 자신의 위치를 정확히 알 수 있는 시스템입니다. 비행기·자동차·선박에 이 장치를 달아 두면, 위도·경도·고도의 위치뿐만 아니라 3차원의 속도정보와 함께 정확한 시간까지 얻을 수 있습니다.

그런데 이러한 위성항법시스템은 하루아침에 갑자기 이루어진 것이 아닙니다. 오랫동안 동양과 서양에서 땅의 윤곽을 표현하고 산과 강을 그려 왔던 옛 사람들의 노력이 숨어 있습니다.

조선 시대 사람들도 바람, 물, 하늘, 땅, 사람의 이치를 밝히기 위해서 나침반, 해시계, 물시계, 측량술, 방정식 등 과학과 기술을 이용해 지도를 만들었습니다. 조선 초에는 아시아, 아라비아 반도, 아프리카, 유럽까지 그린 '혼일강리역대국도지도'라는 세계지도를 제작하였고, 임진왜란 후에는 천주교와 함께 '곤여만국전도'라는 서양의 세계지도가 들어왔습니다. 그리고 조선 말에 뛰어난 지도제작자 김정호가 그때까지 이루어진 지도들을 두루 모아서 집대성한 '대동여지도'라는 훌륭한 지도를 만들기도 하였습니다. 물론 이러한 지도 제작의 전통과 역사가 곧바로 위성항법시스템의 개발로 이어지지 못한 아쉬움은 남아 있습니다.

하지만 이것은 중세의 연금술이 있었기에 현대의 화학과 약학이 탄생할 수 있었던 이치와 비슷한 것이 아닐까요? 과거의 역사와 현재는 끊긴 것 같지만 이어진 측면이 있다고 생각됩니다.

학이·술이와 함께 떠나는 조선 시대 과학 탐험 이야기는 건축, 음식, 의학과 수의학, 도량형, 지도, 시간 측정, 천문도와 역법 등 모두 7개의 큰 주제로 구성되어 있습니다.

이 책을 통하여 나는 "조선 시대 사람들은 어떻게 나무를 끼우거나 짜 맞추어 집을 지었을까?"(건축), "조선 시대 사람들은 어떻게 미생물을 발효시켜 김치와 장을 담갔을까?"(음식), "조선 시대 사람들은 어떻게 사람과 동물의 병을 치료했을까?"(의학과 수의학), "조선 시대 사람들은 어떻게 길이와 부피를 재고 무게를 달았을까?"(도량형), "조선 시대 사람들은 어떻게 땅 모양을 표현하고 산과 강을 그렸을까?"(지도), "조선 시대 사람들은 어떻게 해와 물을 이용해 하루의 길이를 재었을까?"(시간 측정), "조선 시대 사람들은 어떻게 하늘을 우러러 별을 헤아리고 달력을 만들었을까?"(천문도와 역법)와 같은 궁금증을 함께 풀어보려고 노력하였습니다.

이 책을 쓰면서 과도한 민족주의나 국수주의에 사로잡혀 조선 시대의 과학기술을 지나치게 미화하지 않으려고 노력했으며, 서구 문명에 대한 지나친 사대주의에 빠져 조선 시대 과학기술을 터무니없이 낮추어 보는 것도 경계했습니다. 그럼에도 불구하고 많은 오류와 잘못이 있으리라 생각합니다. 혹시 오류와 잘못이 발견된다면 독자들이 날카롭게 지적해서 바로잡아 주기를 부탁합니다.

내가 서로 다른 여러 분야의 과학기술 이야기를 쓸 수 있었던 것은 과학의 역사를 연구한 많은 학자의 뛰어난 학문적 성과와 한국문화콘텐츠진흥원에서 개발한 문화원형콘텐츠를 적절히 이용할 수 있었기 때문입니다. 그러므로 이 책과 관련된 모든 성과는 이 분들에게 돌아가야 할 것입니다.

아울러 이 책을 기획하고 출판해주신 (주)현암사의 조근태 대표와 형난옥 전무, 산만한 원고를 다듬어 주고 편집해 준 김영화 팀장, 본문을 깔끔하게 디자인해준 정해욱씨의 숨은 노력에 마음을 담아 감사를 드립니다.

박상표

차례

나무를 끼우거나 짜 맞추어
집을 짓다

조선 시대 살림집의 표준 | 초가삼간

서울의 한 아파트에 사는 학이와 술이 남매는 조선 시대 사람들이 어떤 집에 살았을까 궁금했다. 그래서 타임머신을 타고 600년 전의 한양으로 여행을 떠났다.

학이와 술이가 제일 먼저 여행한 곳은 경복궁이었다. 임금과 왕비가 사는 궁궐은 높은 담으로 둘러싸여 있고, 수문장들이 보초를 서고 있었다. 궁궐에는 으리으리한 기와집이 들어차 있었다. 궁궐 건물들은 돌을 다듬어서 주춧돌을 세우고, 나무를 다듬어서 끼우거나 맞추어서 지었고, 지붕에는 기와를 올렸다.

경복궁에는 임금의 즉위식을 올리거나 나라의 큰 행사를 치르는 근정전, 임금이 늘 머물면서 신하들을 불러 회의를 하는 사정전이 있었다. 왕비는 궁궐 깊숙한 교태전이라는 건물에서 사는데, 보통 사람들은 그곳에 들어갈 수 없었다. 경복궁은 엄청나게 넓어서 구경하다가 길을 잃을 수도 있을 것 같았다.

학이와 술이는 궁궐에서 퇴근하는 벼슬아치를 따라 양반집을 구경했다. 벼슬아치 양반의 집은 궁궐보다는 크기가 훨씬 작았지만 기와집이었다. 한양에 사는 양반은 기와집에서 사는 사람이 많지만, 시골에서는 초가집에 사는 양반이 더 많다고 했다.

솟을대문으로 들어가자 행랑채와 마구간, 광이 늘어서 있었다. 행랑채에는 문지기 하인이 살고, 광에는 온갖 곡식이며 농기구가 있었다. 벼슬아치 양반은 주로 대청마루가 딸린 사랑채에서 지내면서 책도 읽고 손님을 맞기도 하였다.

조선은 유교 이념에 따라 남자와 여자를 엄격하게 구별하였는데, 이에 따라 양반집에서는 남자들이 생활하는 공간과 여자들이 생활하는 공간이 분리되어 있었다. 안주인이 생활하는 곳을 안채라고 하는데, 여자 종이 시중을 들었다. 양반집에는 조상을 모시는 사당이 있는 것이 특이했다.

학이와 술이는 근처에 사는 중인의 집을 구경했다. 중인은 양반과 평민의 중간 계급으로 병을 치료해 주는 의원이나 외국에

경복궁(모형) 정문 역할을 했던 광화문 뒤로 근정전이 자리 잡고 있으며, 왼쪽에 경회루가 보인다. 국립고궁박물관 소장.

서 사신이 오면 통역을 하는 역관, 나라에서 필요한 그림을 그리는 화원과 같은 기술직에 종사하는 사람들을 일컫는 말이다. 중인의 집은 양반집과 비슷하게 안채와 사랑채의 건물이 서로 구분되어 있었지만 초가집이었다. 중인 중에는 살림살이가 넉넉한 사람이 많아 가끔 양반집보다 화려한 집을 짓고 살기도 했다. 나라에서는 신분에 따라 집 크기를 제한하였기 때문에 사치를 한 중인들은 처벌을 받았다.

　학이와 술이는 평민들은 어떻게 사는지 궁금했다. 그래서 볼일이 있어 수원으로 내려가는 벼슬아치를 따라 길을 나섰다. 수원 읍내는 온통 초가집이었다. 대부분의 평민은 세 칸짜리 초가집에서 살고, 살림살이가 조금 넉넉한 사람들은 대여섯 칸짜리 초가집을 짓고 살았다. 겨우 비바람을 막을 만한 움막집에서 사

초가집

굴피집　　　　　　　너와집

는 사람도 있었다.

　평민보다 더 신분이 낮은 노비 중에는 주인집의 행랑채에 얹혀 사는 솔거노비, 가난한 평민이 사는 초가집이나 움막집에서 사는 외거노비가 있었다.

　학이와 술이는 우연히 목수 아저씨를 만나 집 짓는 기술을 구경할 기회가 있었다. 초가집과 기와집은 지붕을 얹는 재료가 다를 뿐 나무를 끼우거나 짜 맞추어 집을 짓는 방식은 기본적으로 같았다. 기둥이 지붕 무게를 주춧돌에 전달하여 건물이 무너지지 않도록 하는 것도 알게 되었다.

　지방에 따라서는 짚 대신에 나무껍질로 지붕을 이어 굴피집을 짓거나, 굵은 소나무를 널쪽처럼 쪼개고 잘라서 기와 대신 지붕을 이은 너와집을 짓기도 했다.

민가
둘러보기

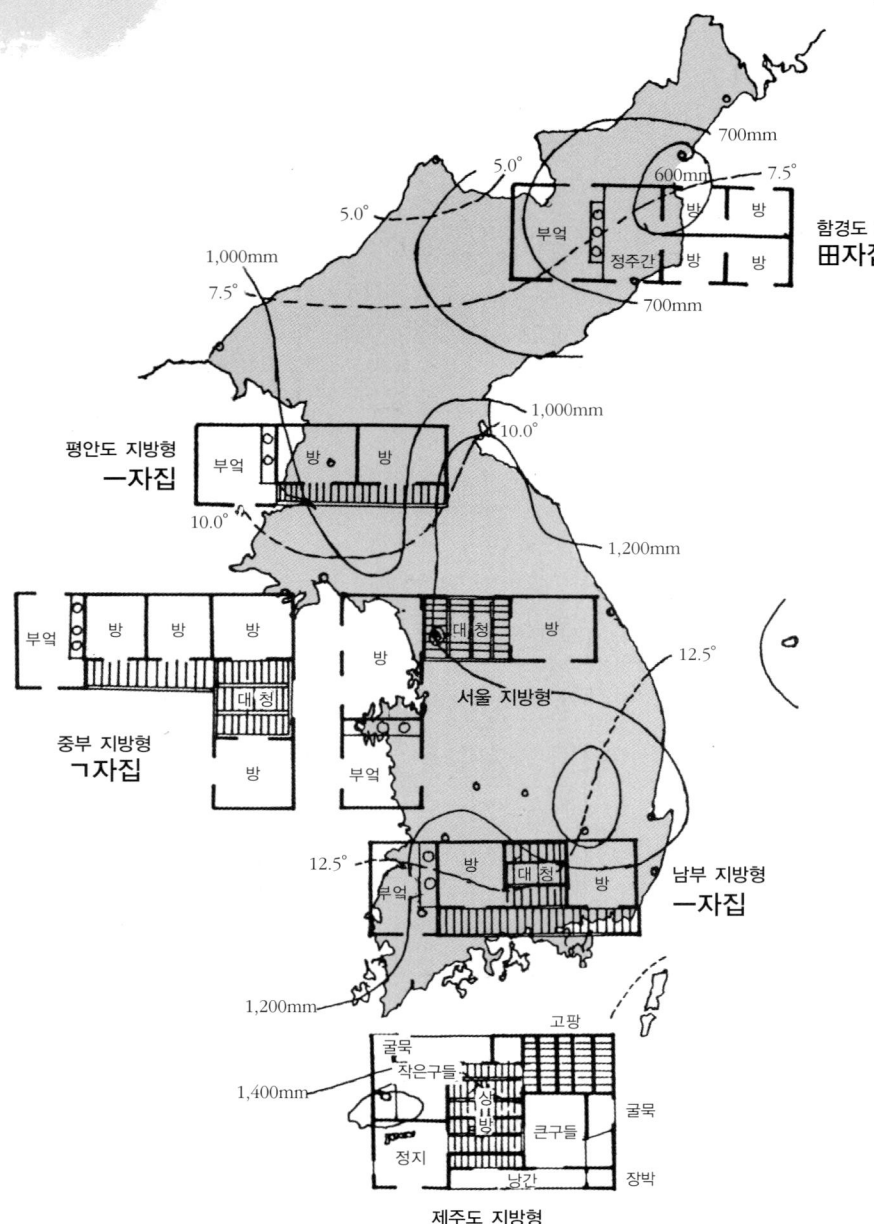

700mm
600mm
5.0°
7.5°
5.0°
부엌
정주간
방
방
방
방
함경도 지방형
田자집
700mm

1,000mm
7.5°
평안도 지방형
一자집
부엌
방
방
10.0°
1,000mm
10.0°
1,200mm

부엌
방
방
방
대청
방
서울 지방형
12.5°
방
대청
방
부엌
중부 지방형
ㄱ자집

12.5°
부엌
방
대청
방
남부 지방형
一자집

1,200mm

1,400mm
고팡
굴묵
작은구들
상방
큰구들
굴묵
정지
낭간
장박

제주도 지방형

민가는 평면 형태에 따라 일(一)자집, ㄱ자집, 구(口)자집, 전(田)자집으로 나눈다.

남동해안 민가의 일반형, 일(一)자집

조선 시대 일반 백성이 살던 가장 기본적인 민가 유형은 초가삼간의 일자집이었다. '부엌+큰방+작은방'으로 이루어져 있으며, 방 앞에 자그마한 마루를 만들었다. 남부 지방에서는 삼간집에서 대청마루를 하나 더 추가하거나 방을 하나 더 만든 초가사간집이 발달하였다. 초가사간집은 '부엌−큰방−대청마루−작은방' 또는 '부엌−큰방−작은방−고팡(광)'으로 구성되었다.

초가삼간

부엌을 따로 낸 ㄱ자집

경기도, 충청도 등 중부 지방의 민가 유형으로, '부엌-안방-마루-건넌방'으로 구성되었다. 안방에서 ㄱ자 모양으로 꺾어 집을 지었으며, 고패집이라고도 불렀다.

초가 ㄱ자집

서울 양반들의 구(口)자집

안채, 사랑채, 광채 등이 한 지붕 아래에 있으며, 집 가운데에 안마당을 두었다. 구자집은 서민집보다는 양반집에서 볼 수가 있으며, 특히 서울과 경기 지방의 양반집이 이런 구성이었다.

추위를 이기기 위한 북부 지방의 전(田)자집

날씨가 추운 함경도 지방의 민가 유형으로, '부엌-정주간-방-고팡(광)-방-방'으로 구성되었다. 열이 최대한 밖으로 빠져나가지 않도록 하기 위해 앞뒤로 방을 배치하였다.

　경북 북부와 강원도 일대에 널리 분포한 까치구멍집도 전(田)자집이다.

　까치구멍집은 방과 방이 앞뒤로 등을 맞대고 배열된 겹집 구조이다. 집 내부에 외양간을 두었다. 외양간 냄새와 부엌의 연기를 밖으로 내보내기 위하여 용마루 끝에 까치구멍을 뚫었다.

까치구멍집

지붕은 무엇으로 이었을까

기와집 기와로 지붕을 얹은 집
초가집 볏짚으로 이엉을 엮어서 지붕을 인 집
샛집 억새로 지붕을 인 집
굴피집 굴참나무의 굵은 껍질로 지붕을 얹은 집
너와집 200년 이상 자란 붉은 소나무 토막을 길이로 세워 놓고 쐐기를
박아 쳐서 잘라낸 널쪽으로 지붕을 얹은 집

쓰임새에 따른 민가의 모습

주막 여행객에게 술이나 밥을 팔면서 잠자리까지 제공하는 집
상점 상설시장의 일정한 장소에서 물건을 파는 집
대장간 풀무를 차려 놓고 철, 구리, 주석 등 금속을 달구고 두드려 연장과
기구를 만드는 곳

주막

상점

대장간

집을 짓는
순서

(4) 기둥 위에 대들보와
마룻대를 올린다

(2) 나무를 깎고 돌을 다듬어
기둥을 세운다

(1) 터를 잡고 땅을 다지고
주춧돌을 놓는다

(5) 볏집, 기와, 너와로
지붕을 덮는다

(3) 지붕과 기둥 사이에
끼울 공포를 만든다

(1) 터를 잡고 땅을 다지고 주춧돌을 놓는다

집터를 고를 때는 풍수지리설을 따랐다. 풍수지리는 땅 모양이나 방향에 사람의 길흉화복이 따른다는 동양의 전통 과학이다. 산이나 언덕을 등지고 강이나 개울을 앞에 두어 볕이 잘 들고 바람이 스쳐가기 좋도록 한 것은 합리적이고 과학적이다. 그러나 풍수지리설만 너무 따르다가 폐단을 낳기도 했다.

집터가 정해지면 터를 닦기에 앞서 좋은 날을 골라 토지신과 가택신에게 고사를 지냈다. 땅을 파는 개토, 주춧돌을 놓는 정초, 기둥을 세우는 입주, 마룻대를 올리는 상량의 차례로 공사를 했다.

■ 기단

토축 기단 초가집을 지을 때 진흙을 다져 쌓아 올려 만드는 기단

자연석 기단 크고 작은 돌을 이를 맞춰 가면서 쌓은 기단

장대석 기단 일정한 길이로 가공한 돌(장대석)을 층층이 쌓아 만든 기단

가구식 기단 돌을 정교하게 다듬어 맞추어 쌓은 기단

집터를 단단히 다지기 위해서 주춧돌을 놓을 자리의 아랫부분을 메워 기단을 만든다. 기단은 땅을 파서 흙과 돌을 채워 넣고 달구질을 해서 만든다. 달구질은 굵은 통나무 토막이나 쇳덩어리에 줄을 매달아 여러 명이 함께 땅을 두드리는 작업이다.

터를 파고 다진 다음 기단을 쌓는 것은 집을 지면으로부터 높여주기 위해서다. 그래야 집안에 습기가 차는 것을 피할 수 있고, 집안에 햇빛을 받아들일 수 있다.

주춧돌은 기둥을 통해 내려오는 지붕의 무게를 땅으로 전달하는 역할을 한다. 원형·사각형·팔각형 등이 있으며, 배열하는 방식에 따라 정평주초 방식과 덤벙주초 방식으로 나눈다.

■ 주초

정평주초 주춧돌의 윗면을 다듬어서 기둥이 닿는 부분이 같은 수평면을 이루게 한다.

덤벙주초 주춧돌의 윗면을 다듬지 않고 자연석 그대로 사용하는 것으로 그랭이질을 해서 기둥 아래쪽을 주춧돌 표면의 모양에 맞추어 잘라낸다.

그랭이질 | 그랭이칼 한쪽 발은 먹을 찍어 선을 그리게 하고, 다른 쪽 발은 주춧돌에 댄다. 기둥을 한 바퀴 돌면 울퉁불퉁한 주춧돌 윗면의 선이 그려진다. 이 선을 그랭이선이라고 부른다. 그랭이선을 따라 톱과 끌로 기둥의 밑동을 다듬는 것을 그랭이질이라 한다.

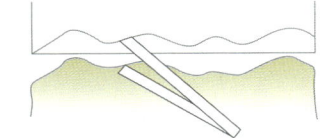

(2) 나무를 깎고 돌을 다듬어 기둥을 세운다

기둥은 대들보와 더불어 목조 건축에서 가장 중요한 구조재로 지붕의 무게를 주춧돌에 전달하는 기능을 한다.

"너는 우리 집안의 장손이자 기둥이다." 하는 말에서 기둥의 중요한 역할을 알 수 있다.

기둥은 역학적으로 중요한 기능을 할 뿐만 아니라 안정감이나 미적인 장식 기능까지 맡고 있다. 나무를 깎은 모양에 따라 크게 원기둥과 각기둥으로 나눈다. 원기둥에는 배흘림기둥·민흘림기둥·원통형기둥 등이 있으며, 각기둥에는 4각기둥·6각기둥·8각기둥 등이 있다.

시각적인 안정감을 주기 위한 기법에는 귀솟음과 안쏠림이 있다. 귀솟음은 건물 모서리에 세우는 귀기둥을 가운데 기둥보다 약간 높게 세우는 것을 말한다. 이것은 눈으로 직각 사각형을 보았을 때 양쪽 끝이 처져 보이는 현상을 교정하기 위한 기법이다. 안쏠림은 가장 바깥쪽에 세워진 기둥을 건물 안쪽으로 약간 기울여서 세우는 방법이다. 안쏠림을 주면 건물을 정면에서 바라볼 때 거꾸로 된 사다리꼴로 보이는 현상을 바로잡을 수 있다.

(3) 지붕과 기둥 사이에 끼울 공포를 만든다

주두·소로·첨차·제공·한대·살미 등을 끼우거나 짜 맞추는 부재를 공포라 한다. 부재는 건축 얼개를 이루는 중요한 목재를 말한다. 공포는 처마 끝의 무게를 기둥에 전달하는 기능을 하며, 건물을 아름답게 꾸미는 기능도 한다. 초가집과 같은 살림집에서는 간단하게 표현되지만, 궁궐이나 사찰 건축에서는 아주 복잡하고 화려하게 꾸민다.

■ 기둥

배흘림기둥 배흘림기둥은 기둥의 밑에서 1/3 정도 되는 지점에서 배가 부르며, 위와 아래로 갈수록 지름이 작아지는 기둥을 말한다. 인간의 착시 현상을 교정하여 시각적인 안정감을 주기 위해 이러한 기법을 사용한다. 엔타시스 기법이라고도 하는데, 그리스의 파르테논 신전 등 서양 건축에서도 사용된 바 있다.

민흘림기둥 민흘림기둥은 기둥머리의 지름이 가장 작고 밑동으로 내려갈수록 지름을 크게 만든 것이다. 구조적인 역학을 고려한 기법이 아니라 시각적인 안정감을 주기 위한 기법이다.

25

■ 공포 부자재

주두와 소로

주두는 기둥머리나 창방, 평방 등의 위에 놓인 네모난 부재로 대접받침이라고도 한다. 주두는 지붕과 공포의 무게를 기둥으로 전달하는 기능을 한다. 소로는 공포의 첨차와 첨차, 살미와 살미 사이에 놓이는 부재이다. 주두보다 작은 네모난 모양으로 작은 접시라 부른다. 소로는 첨차나 살미 등 각 부재를 연결하고, 각 부재를 타고 내려오는 하중을 골고루 밑으로 전달해 주는 역할을 한다.

첨차

첨차는 살미와 십자 모양으로 짜여지는 도리 방향 공포부재를 통틀어 말한다. 크기에 따라 소첨차와 대첨차로 구분되며, 놓이는 위치에 따라서 주심첨차와 출목첨차로 나눈다. 익공 형식에서는 행공 또는 행공첨차라고 부르기도 하며, 보 방향의 첨차를 살미 또는 살미첨차라고 부르기도 한다.

건물 바깥쪽으로 튀어나온 살미의 마구리 모양에 따라서 앙서형과 수서형으로 구분하기도 한다. 소 혓바닥처럼 치켜 올라가는 모양으로 만든 것을 앙서형이라 하고, 마구리가 처져 내려온 것을 수서형이라 한다. 이 둘을 모두 쇠서라고 하며, 쇠서형으로 만들어진 살미를 제공이라고 한다.

■ 공포의 형식

공포는 크게 기둥 위에 포를 놓는 방법에 따라 주심포 형식과 다포 형식으로 나누며, 공포를 결합하는 방법에 따라 익공 형식, 하앙 형식으로 나눈다.

주심포 형식

주심포 형식이란 기둥 위에만 공포가 놓인 것을 말한다. 주심포 형식 중에서 살미의 모양이 특별히 익공의 형태로 된 불완전한 공포 형식을 익공 형식으로 나눈다. 익공은 기둥 바깥에서 보 방향의 살미가 새 날개 모양으로 생긴 것을 부르는 부재 명칭이다. 익공 형식은 익공 쇠서와 보아지, 그리고 화반이  특징적이다. 보아지는 익공 쇠서와 연결되어 기둥 안쪽에서 보를 떠받치는 기능을 한다. 화반은 평방과 장혀 사이에 높인 꽃병 모양의 부재로 주심포 형식이나 익공 형식 모두에서 쓰인다. 익공은 쇠서의 수에 따라 초익공과 이익공으로 나누기도 한다.

다포 형식

다포 형식은 기둥 위뿐만 아니라 기둥과 기둥 사이에도 공포를 놓아 건물을 화려하게 꾸미는 형식이다. 다포 형식에서는 지붕과 공포의 무게를 견디게 하기 위해 창방 위에 평방을 가로로 더 올린다. 다포 형식은 주로 궁궐의 전각이나 사찰의 대웅전 등 권위를 내세우기 위한 건물에 사용된다. 하앙 형식은  다포 형식 중에서 특수한 것으로 지렛대의 원리를 이용하여 지붕 서까래와 도리 밑에서 건물 안으로부터 하앙을 밖으로 길게 뻗어 나오게 만들어 처마를 받쳐주는 것이 특징이다.

(4) 기둥 위에 대들보와 마룻대를 올린다

남아선호 사상이 뿌리 깊은 가정에서는 지금도 아들에게 "넌 우리 집안의 대들보야!" 하는 말을 곧잘 한다. 대들보는 집에서 없어서는 안 될 중요한 구조재로 기둥과 기둥 사이에 수평으로 놓여 지붕의 무게를 기둥으로 전달한다. 초가집이나 기와집에서 가장 중요한 구조재로 손꼽히기 때문에 남녀차별이 담긴 언어습관에 녹아들게 된 것이다. 물론 지금은 아들이나 딸이나 모두 소중한 가족의 구성원이자 대들보 역할을 하는 남녀평등의 시대가 되었다.

보, 도리, 대공, 장혀 등은 기둥이나 공포 위에 얹혀 지붕의 무게를 기둥과 주춧돌로 전달한다.

보

보는 건물 앞뒤 기둥을 연결하는 수평구조부재를 말하며, 위치에 따라 대들보·중종보·마루보·귓보 등으로 불린다. 보는 서까래와 도리를 타고 내려온 지붕의 무게를 기둥에 전달하는 기능을 담당한

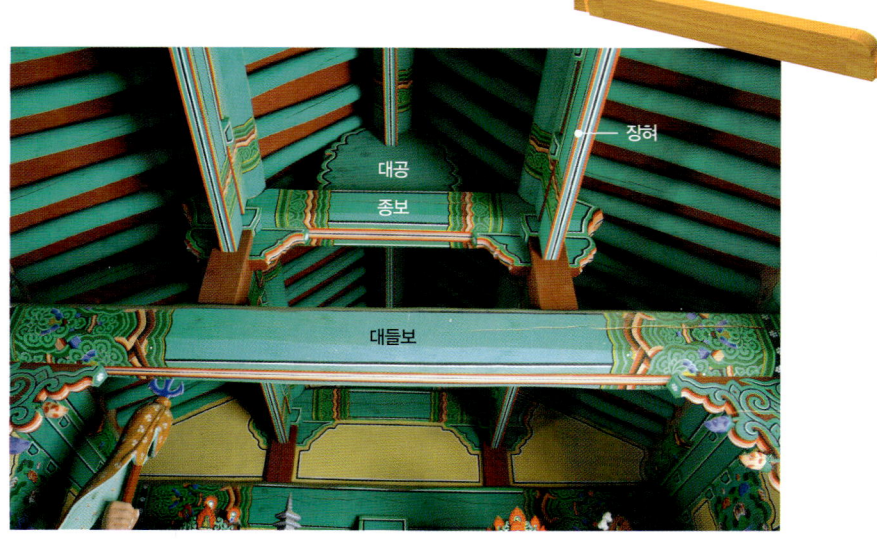

다. 그러므로 기둥이 수직구조재로 가장 중요한 것이라면, 보는 수평구조재로 가장 중요한 부재가 된다.

① 종보 : 가장 위에 있는 보를 마루보 또는 종보라고 한다.

② 중보 : 종보와 대들보 사이에 있는 보를 중보라고 한다.

③ 대들보 : 가장 밑에 있는 보를 말한다. 목수가 나무를 다듬을 때, 제일 먼저 대들보부터 다듬을 정도로 중요한 부재이다.

도리

도리는 보와 직각 방향으로 놓여서 서까래와 지붕의 무게를 직접 받는 부재이다. 단면의 모양에 따라 원형 도리를 굴도리라고 부르고 사각형 도리를 납도리라고 한다.

대공

대공은 대들보나 종보 위에서 종도리를 받치고 있는 부재를 말한다.

장혀

장혀는 도리 밑에서 도리와 같은 방향으로 놓여 도리를 받치는 부재이다.

29

(5) 볏집, 기와, 너와로 지붕을 덮는다

지붕은 햇빛을 가리고 빗물을 막아주는 중요한 역할을 한다. 지붕을 덮는 재료에 따라 초가집과 기와집, 너와집 등으로 나눈다.

초가는 주로 볏짚으로 이엉을 만들어 지붕을 덮는다. 볏짚은 속이 비어 있어서 그 안에 공기를 지니고 있다. 여름에는 직사광선의 뜨거움을 덜어주고, 겨울에는 집안 온기가 밖으로 빠져나가는 것을 막아 준다. 볏짚은 가벼워서 기둥에 많은 무게를 주지 않으며, 비가 오거나 눈이 내렸을 때도 새지 않는다. 그러나 초가는 불에 약하고 쉽게 썩어 해마다 이엉을 갈아주어야 하는 단점이 있다. 이엉을 얹고 용마름을 덮은 후에는 이엉이 바람에 날리지 않도록 새끼로 단단히 맨다.

초가집과 기와집은 지붕의 형태에 따라 맞배지붕, 팔작지붕, 우진각지붕, 모임지붕 등으로 나눈다.

지붕이 적당한 물매를 갖기 위해서는 서까래를 걸기 전에 먼저 모서리에 추녀를 걸고 추녀를 연결하는 평고대를 건 다음 평고대의 곡선을 중심으로 서까래를 걸어서 지붕곡선을 만들어야 한다. 특히 팔작지붕에서는 후림과 조로를 통하여 착시 현상을 교정했다.

후림은 지붕 처마선의 양끝이 안으로 휘어지는 곡선을 이루도록 꾸미는 것으로 '안허리'라고도 한다. 이로써 처마선을 수평으로 했을 때, 처져 보이는 착시 현상을 막을 수 있다.

조로는 앞에서 보았을 때 처마선이 양끝으로 가면서 하늘을 향해 휘어 오르고 네 귀퉁이가 쳐들리게 하는 것으로 '앙곡'이라고도 한다. 조로 기법을 통해 기둥의 안쏠림 기법에서처럼 정면에서 지붕을 바라볼 때 위쪽 부분이 삐져나와 거꾸로 된 사다리꼴로 보이는 착시 현상을 교정할 수 있다.

맞배지붕

맞배지붕은 사람 두 명이 서로 등을 맞대고 있는 형태로 건물의 앞뒤에서만 지붕면이 보인다. 용마루와 내림마루로만 구성되었다. 가구의 뺄목이 그대로 노출되며, 이것을 막기 위해 풍판風板을 덧대기도 했다.

팔작지붕

팔작지붕은 지붕의 용마루가 건물의 길이보다 짧으며, 양 측면에 맞배지붕 모양의 삼각형 합각부가 생긴다. 합각부 밑으로 추녀마루가 있어 학이 날개를 펴듯이 하늘로 날아가는 모습을 띤다.

우진각지붕

우진각지붕은 네 면에 모두 지붕면이 만들어진 형태이다. 지 붕의 모양은 앞뒤로는 사다리꼴이며, 좌우 측면에서 보 면 삼각형으로 보인다.

모임지붕

모임지붕은 용마루가 없으며 하나의 꼭지점에서 지붕골이 만나는 형태이 다. 평면의 모양에 따라 사각뿔의 사모지붕, 육각뿔의 육모지붕, 팔각뿔 의 팔모지붕 등이 있다.

육모지붕

과학적인 전통 난방법 | 온돌

학이와 술이는 명절 때 할아버지와 할머니를 뵈러 시골에 갔다가 '따뜻한 아랫목'이라는 말을 처음 들었다. 어머니는 아랫목은 온돌방에서 아궁이에 가까운 쪽 방바닥이라고 설명해 주셨다. 학이와 술이는 어머니의 설명을 듣고 우리나라의 전통 난방법인 온돌에 대해서 공부하기로 했다.

온돌은 방바닥 밑에 넓적한 구들장을 깔고 흙을 발라서 방바닥을 만든다. 아궁이에 불을 지펴 방을 따뜻하게 하는 난방법이다. 온돌 난방법은 열의 전도와 복사열을 이용한다.

열의 전도는 쇠막대기의 한쪽 끝을 가열하면 반대쪽 끝까지 뜨거워지는 열의 이동이다. 복사열은 대류를 통하여 열이 전달되는 것이 아니라 열이 직접 전달되는 것이다. 대류는 온도가 높아지면 물이나 공기가 밀도가 작아져서 위로 올라가고, 온도가 낮아지면 밀도가 높아져서 아래로 내려와서 열이 순환되는 현상을 말한다.

우리 조상들은 구석기 시대부터 온돌로 난방을 하였다. 중국 북부와 만주 지역에서 살던 선조들이 온돌을 처음 사용했던 것이다. 『구당서舊唐書』라는 역사책에는 고구려 사람들이 "겨울철에는 모두 긴 구덩이를 만들어 밑에서 불을 때어 따뜻하게 한다." 하는 기록이 있다. 다시 말해 고구려에서는 방바닥에 부분적으로 구들을 깔았다.

쌍영총 벽화에서도 묘주인 부부가 쪽구들 위에 앉아 있는 것을 확인할 수 있다. 안악 3호분과 약수리 무덤벽화에서도 부뚜막에 시루를 올려놓고 음식을 만들거나 부뚜막 아궁이에 불을 지피는 그림을 찾아볼 수 있다. 북한의 자강도 시중군 노남리, 평북 영변군 세죽리, 평남 북창군 대평리 등에서 초기 형태의 구들 유적이 발견되기도 했다.

고려 시대에는 고구려의 것을 보다 발전시킨 쪽구들이 등장했다. 고려의 쪽구들은 불길이 지나는 방고래의 수를 늘리고, 아궁이를 방 밖에 두었다.

조선 시대에 들어서 온돌이라는 용어가 처음으로 쓰이기 시작하였고, 방 전체에 구들을 놓은 온돌이 전국적으로 보급되었다.

온돌을 설치하려면 높은 수준의 기술이 필요하고, 땔감을 확보하기 위해서는 많은 비용이 들었다. 그렇기 때문에 조선 초기까지는 높은 신분에 있는 일부 사람만 온돌을 이용할 수 있었다. 궁궐에서도 임진왜란 이전까지는 온돌방보다 마루방이 더 많았으며, 임진왜란 이후에 온돌이 전국적으로 보급되었다.

온돌의 구조

온돌의 구조는 불을 때는 아궁이와 온기를 전달하는 고래, 연기를 뿜어 내는 굴뚝으로 구성된다.

보통 아궁이는 불을 때는 아궁이와 음식을 조리하는 부뚜막이 함께 있다. 아궁이는 산소를 공급하여 불이 잘 타도록 부엌바닥과 같이 되도록 낮게 설치했다. 이에 따라 부뚜막도 높이가 낮아져 살림하는 사람의 입장에서는 상당히 불편하다.

아궁이에서 땔감을 태우면 열과 연기는 부넘기를 통해 고래로 들어간다. 부넘기는 아궁이에서 방고래로 들어가면서 급경사를 이루며 높아지다가 약간 낮아지는 언덕이다. 부넘기는 불길과 연기가 잘 넘어가게 할 뿐만 아니라 이것들이 역류하지 않도록 하는 역할을 한다.

아궁이에서 굴뚝에 이르는 방고래는 따뜻한 열기가 지나가는 통로이다. 온돌의 종류는 방고래의 수에 따라 1로식, 2로식, 다로식 등으로 나눈다. 고래는 모양에 따라 줄고래, 부채고래, 맞선고래, 굽은고래 등으로 나눈다.

아차산 1호 온돌 전경

불길이 고래에서 굴뚝으로 빠져나가기 전에 고래보다 깊이 팬 골이 있는데 이를 개자리라 한다. 개자리는 열과 연기가 오랫동안 머물다가 굴뚝으로 빠져나가게 함으로써 구들의 온기가 오랫동안 지속되게 한다. 고래 개자리와 굴뚝 개자리를 각각 설치한다.

방고래 위에는 흙이나 돌로 두덩을 쌓아 올리고 그 위에 두께가 약 5~8cm 되는 평평한 돌을 일정한 높이로 놓고 구들장을 놓는다. 구들장으로 쓰는 돌은 주로 운모가 많이 섞인 것을 고른다. 운모는 열이나 전기가 잘 통하지 않는 절연체이다. 조선 시대 사람들은 구들장에서 운모의 성분을 과학적으로 밝히지는 못했지만, 운모가 많이 든 돌이 오랫동안 온기를 지니고 있다는 사실을 경험으로 알았다.

아궁이에 불을 때면 방고래를 통해 이동한 더운 열기가 구들장을 달군다. 이때 구들장에 저장된 열이 서서히 복사열로 나오면서 방을 따뜻하게 유지할 수 있다.

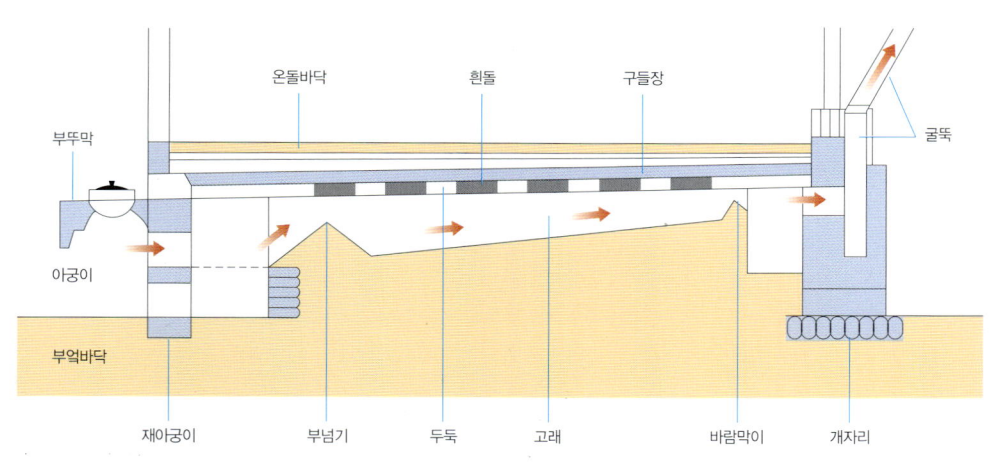

온돌은 불을 때는 아궁이, 따뜻한 기운을 전달하는 고래,
연기를 바깥으로 내보내는 굴뚝으로 구성된다.

아궁이

온돌방 통풍구

아랫목과 윗목의 구들장은 서로 두께가 다르다. 아랫목 구들장은 두꺼운 돌을 쓰고 진흙도 두껍게 바른다. 아랫목은 불을 지피는 아궁이와 가까이 있어 너무 뜨거워질 수 있기 때문이다. 윗목은 구들장을 얇게 하여 빨리 가열되도록 한다. 이러한 방법으로 아랫목과 윗목의 온도 차이를 줄일 수 있다. 뜨거운 아랫목과 차가운 윗목의 온도 차는 대류 현상이 일어남으로써 신선한 공기를 방안에 공급해 주는 효과가 있다.

열과 연기는 굴뚝을 통하여 바깥으로 빠져 나간다. 굴뚝 시설이 좋아야 아궁이에 불이 잘 들고 방이 따뜻하다. 아궁이와 구들은 어느 지역이건 거의 비슷한 모양이지만 굴뚝은 지역에 따라 높이에 큰 차이가 있다. 추운 북쪽 지방은 굴뚝을 높게 만든다. 굴뚝을 높게 하여 따뜻한 열이 최대한 머물 수 있도록 하기 위해서다. 이는 바람이 고래 안으로 들어오지 못하도록 막아 주기도 한다. 반면 따뜻한 남쪽 지방은 고래 끝에 구멍을 내기도 하고 아예 굴뚝을 없애기도 한다.

굴뚝

조선 시대 건축의 꽃 | 수원 화성

성은 외침을 막고 백성들의 주거공간을 확보하는 건축물이다. 성에는 왕이 거주하는 궁궐을 지키기 위한 궁성, 서울을 방어하기 위해 빙 둘러서 쌓는 도성, 왕이 임시로 거처하는 곳에 쌓는 행성, 군이나 현의 주민을 보호하며 외적의 침입을 막기 위한 읍성 등이 있다. 군사적으로 중요한 곳에 산성을 쌓아 전쟁에 대비했으며, 중요한 길목마다 관문을 만들어 통행을 제한하기도 했다.

성을 쌓기 위해서 많은 백성이 동원되었고, 건축 기술을 가진 기술자들이 필요했다. 성 쌓기는 국가가 가진 모든 건축 기술을 보여 준다고 할 수 있다. 조선 시대 사람들은 흙과 돌을 이용하여 성을 쌓았다. 그 중에서도 서양의 과학기술을 이용해 쌓은 수원 화성은 조선 시대 건축의 꽃이라 불린다.

수원 화성은 1792년(정조 18) 정월부터 1794년(정조 20) 9월까지 2년 8개월이라는 짧은 기간에 성 쌓기 공사를 끝냈다. 연인원 70만 명이 동원된 이 공사에는 80만 냥의 비용이 들었다. 공사에 참여한 건축 기술자는 모두 1,856명이었다. 건축 기술자 중에는 돌을 깎는 석수가 662명, 나무를 다듬고 끼워 맞추는 목수가 335명이었다.

짧은 기간에 수원 화성을 쌓을 수 있었던 것은 서양의 과학기술을 응용하였기 때문이다. 당시 왕실의 도서관이었던 규장각에 근무하던 다산 정약용(1762~1836)은 중국에서 들어온 책을 통하여 서양의 과학기술을 접했다. 정약용은 독일인 선교사 요한 테렌스가 쓴 『기기도설』를 참고하여 거중기를 고안해 냈다.

정약용은 "활차가 무거운 물건을 움직이는 데 편리한 점이 두 가지가 있으니 힘을 더는 것이 하나요, 무거운 물건을 떨어뜨리지 않는 것이 둘이다. 100근짜리 물건을 드는 데는 100근의 힘이 필요하나, 활차 1구를 쓰면 50근, 2구를 쓰면 무게의 4분의 1인 25근의 힘만으로도 들 수 있다. 같은 이치로 활차의 수가 늘어나면 힘은 덜 들게 된다. 지금 상하 8륜이면 힘은 25배를 얻을 수 있다." 하였다.

정약용이 만든 거중기는 도르래의 원리를 이용하여 커다랗고 무거운 돌을 들어 올리는 기계였다. 거중기 위에는 네 개의 도

수원 화성

르래를 연결했고, 아래에도 네 개의 도르래를 연결했다. 아래에 있는 도르래 밑으로 물체를 달아맨 다음, 도르래를 양쪽으로 잡아당길 수 있는 동아줄을 연결했다. 이 동아줄을 물레에 감아 돌리면 도르래에 연결된 동아줄을 통해 물체를 위로 들어 올릴 수 있다.

또한 정약용은 "녹로라는 동아줄을 감는 장치를 덧붙인다면 40근의 힘으로 2만 5천근의 무게도 능히 들 수 있다." 하였다. 녹로는 물레라고도 부르는 도구인데, 도르래를 이용하여 무거운 물건을 들어 올리는 데 쓰였다.

녹로를 만들기 위해서는 우선 각목으로 네모난 틀을 만든다. 틀의 앞쪽에 긴 막대기 두 개를 비스듬히 세운 다음, 꼭대기에 도르래를 단다. 긴 막대기는 녹로가 쓰러지지 않도록 버팀대 역할을 한다. 네모난 틀의 뒤쪽에는 동아줄을 감는 얼레를 설치하여 동아줄을 얼레와 도르래에 연결한다. 거중기의 도르래에 연결된 동아줄에 물건을 달아맨 뒤 물레를 돌려 줄을 감으면 무거운 물건을 위로 들어 올릴 수 있다.

수원 화성 건설에는 거중기와 녹로 외에 유형거라는 수레도 쓰였다. 그때까지의 수레는 바퀴가 너무 커서 짐을 싣거나 내리는 데 힘

횡량
중횡량
겹도르래
큰 도르래
얼레축
석재
하횡량
다리
소거

거중기

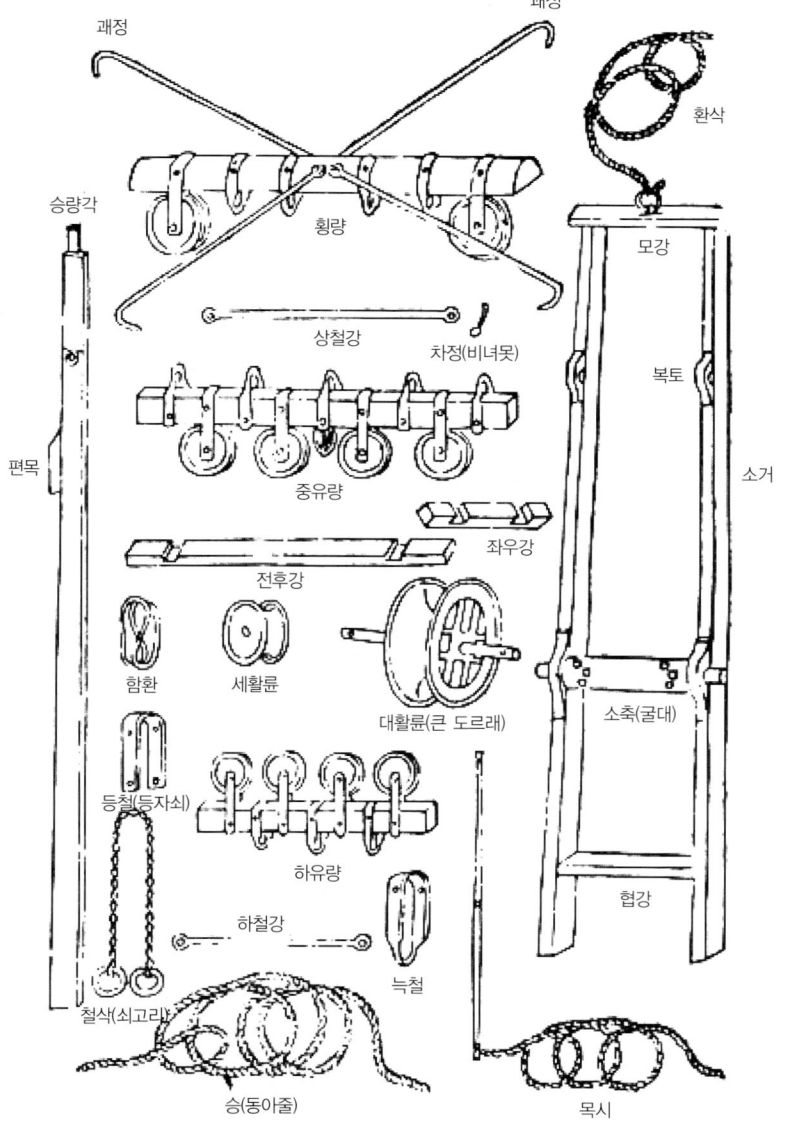

괘정   괘정

환삭

승량각

횡량

모강

상철강

차정(비녀못)

복토

편목

소거

중유량

좌우강

전후강

함환   세활륜

대활륜(큰 도르래)

소축(굴대)

등철(등자쇠)

하유량

하철강

협강

늑철

철삭(쇠고리)

승(동아줄)

목시

거중기 분해도

건축 41

이 들었다. 바퀴살이 약해서 부러지기 쉽고, 만드는 데 비용이 많이 들었다. 그래서 작고 튼튼한 바퀴를 가진 유형거를 발명하게 되었다.

기록에 따르면, 수원 화성 축성 당시에 정약용은 1대의 거중기와 2대의 녹로, 10대의 유형거를 만들어서 썼다고 한다. 그 밖에 대차·별평차·평차·동차·발차라는 많은 수레를 만들었고, 썰매와 구판이라는 운반기구도 만들어 썼다. 당시의 일반 수레 100대가 324일 걸려 운반하는 짐을 유형거 70대로 154일 만에

수원 화성 사대문

장안문(북문)

팔달문(남문)

창룡문(동문)

화서문(서문)

운반하였다는 기록도 있다. 유형거가 일반 수레보다 2배 이상의 성능을 발휘한 사실을 알 수 있다.

방화수류정

성벽의 중요 부분에 벽돌을 구워서 사용한 것도 수원 화성의 특징 중 하나이다. 이것은 조선 후기에 중국을 통해 벽돌 굽는 기술을 도입했기 때문에 가능했다. 벽돌로 성을 쌓는 기술은 1774년에 강화 외성을 쌓으면서 활용되기 시작했다. 당시 강화 유수였던 김시혁은 청나라의 연경(북경)에 갔을 때 벽돌로 쌓은 성을 보고 강화 외성을 쌓으면서 벽돌을 사용했다.

화강암으로 쌓은 석성은 중화기 공격을 받으면 한꺼번에 무너져 내리지만 벽돌로 쌓은 성은 충격을 받은 부위만 허물어지기 때문에 피해가 적은 장점이 있다. 벽돌을 재료로 사용할 경우 같은 규격으로 대량 생산이 가능하고, 성벽의 모양을 아름다운 곡선으로 만들 수 있었다.

벽돌로 만든 수원 화성의 대표적인 건축물은 장안문·팔달문·창룡문 등이다. 그 밖에 이들 성을 항아리 모양으로 둘러싼 옹성, 원통 모양의 망루 등이 있으며, 내부를 텅 비게 만들어 그 안에 화포를 감추어 두었다가 적을 공격할 수 있도록 만든 포루, 연기와 횃불의 수에 따라 신호를 보내는 봉돈, 용두각이라 불리는 아름다운 정자건물 방화수류정 등도 있다.

성을
지키는
시설

장대 장수가 군사들을 모아 놓고 훈련하거
나 지휘하는 곳이다. 수원 화성에는 서장대
와 동장대 등 두 개의 장대가 있다.

봉돈 봉화 연기를 피우는 곳이다. 봉돈은 동
2포루와 동2치 사이의 우뚝한 곳에 세워졌
으며, 전체를 벽돌로 만들었다.

공심돈 내부가 빈 돈대이다. 벽돌로 외부를 둥그스름하게 쌓고, 3개의 층을 사다리로 오르내렸다.

포루(砲樓) 성벽 내부에 대포를 설치하여 공격하는 시설이다. 수원 화성에는 북동포루, 북서포루, 서포루, 남포루, 동포루 등 다섯 군데에 포루를 설치하였다.

적대 성문과 옹성을 공격하는 적을 방어하기 위한 시설이다. 성문 좌우에 높은 대를 쌓아 이곳에 군사를 배치하였다.

치(雉) 성벽을 튀어 나오게 만들어 성벽 가까이 접근하는 적을 전면과 좌우 양쪽에서 공격할 수 있게 하였다.

포루(鋪樓) 치성 위에 군사들이 몸을 숨길 수 있도록 지은 집이다. 수원 화성에는 서포루, 북포루, 동북포루, 동1포루, 동2포루 등 5개의 포루가 있다.

성을 쌓는 도구

거중기

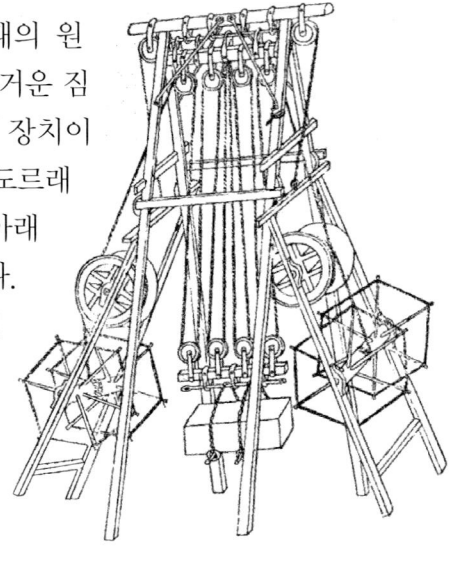

거중기는 도르래의 원리를 이용하여 무거운 짐을 위로 들어 올리는 장치이다. 위와 아래에 각각 4개씩의 도르래를 동아줄로 서로 연결하고, 아래 도르래 밑에는 물건을 달아 맨다. 위 도르래의 양쪽에는 잡아당길 수 있는 동아줄을 연결한다. 이 동아줄을 감는 물레를 돌리면 도르래에 연결된 동아줄이 당겨지면서 물체가 위로 들려 올라간다.

구판

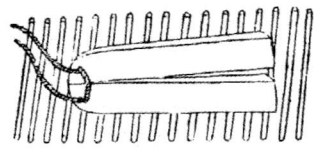

구판은 끌개의 하나이다. 두 개의 널빤지를 말굽 모양으로 붙인 다음, 널빤지 한 쪽 끝의 밑을 깎아내고 각각 세 명이 끈다.

녹로

녹로는 긴 장대 두 개를 비스듬히 세워 도르래를 달고 한쪽 지면에 나무틀을 짠 후, 동아줄을 감을 수 있는 얼레를 설치한다. 긴 동아줄 한쪽 끝을 얼레에 감고 나머지 한쪽 끝은 장대 부분의 도

르래를 거쳐 아래로 늘어뜨린 후, 그 끝
에 물건을 달아 매어 얼레를 돌리면 물건
을 들어 올릴 수 있다.

대거

대거는 큰 수레를 말한다. 장대석 같은
큰 자재를 운반하는 데 사용된 수레로 소
40여 마리가 끌었다.

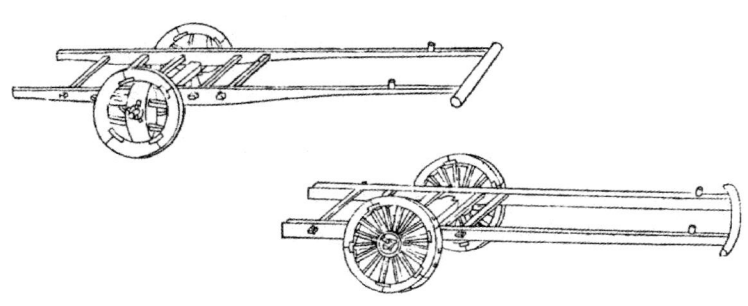

동거

큰 돌이나 무거운 물건을 운반하는 바퀴 달린 수레이다.

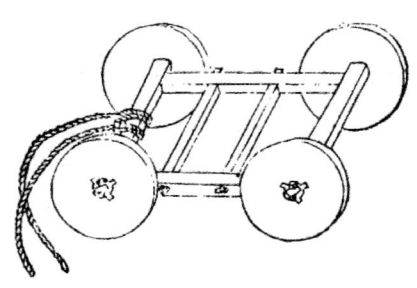

47

발거

둥근 통나무를 잘라서 바퀴를 만든 작은 수레이다. 소 한 마리가 끌었으며, 작은 돌을 날랐다.

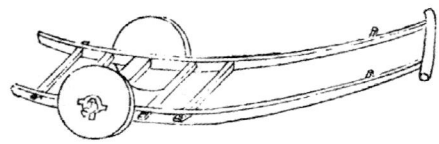

설마(雪馬)

썰매를 말한다. 채석장은 경사가 있는 산에 위치하고 있으므로, 바퀴 달린 수레를 사용하기 어렵다. 그래서 썰매에 동아줄을 매달아 끌어서 돌을 운반하였다.

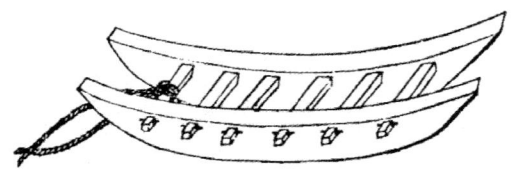

유형거

정약용이 화성을 축조할 때 고안한 발명품으로 큰 수레와 썰매의 단점을 보완해서 만들었다. 큰 수레는 바퀴가 너무 크고 투박해

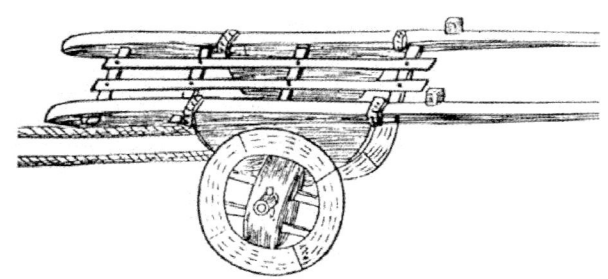

서 돌을 싣기 어려웠고, 바퀴살이 약해 부러지기 쉬웠다. 또한 썰매는 몸체가 땅에 닿아 밀고 끄는 데 힘이 많이 들었기 때문이다.

유형거-복토

복토는 유형거 바퀴와 네모난 틀 사이에 덧대는 반원형 부품이다. 수레 바닥을 높여 주고, 수레가 앞뒤로 오르내릴 수 있도록 만들었다. 복토는 저울의 원리를 이용하여 수레의 무게 중심을 평형으로 유지시켜 수레가 비탈길에서도 빠르고 가볍게 움직이도록 하는 역할을 하였다.

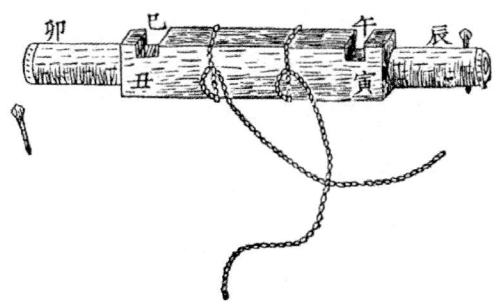

지게

지게는 짐을 얹어 어깨와 등에 메고 나르는 데 사용한 연장으로 중요한 농기구이기도 하다. 지게에 싣는 짐은 제한이 없으며, 주로 흩어지기 쉬운 흙이나 자갈을 나르는 데 사용했다.

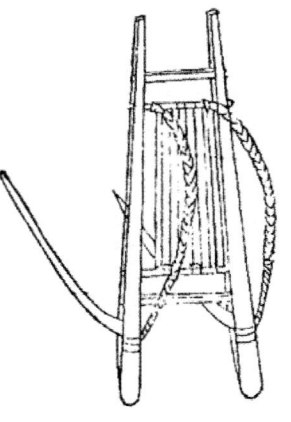

미생물을 발효시켜
김치와 장을 담그다

조선 시대 사람들의 기본 밥상 | 밥, 국, 반찬

학이와 술이는 날마다 우리의 밥상에 올라오는 음식들을 언제부터 먹기 시작했을까 궁금했다. 선생님은 "우리 음식에는 아주 옛날부터 먹어 왔던 것도 있고, 외국에서 들어온 것도 있다. 우리가 먹는 음식은 밥, 국, 반찬으로 크게 나눌 수 있는데 조선 시대에도 이 세 가지가 기본이었단다." 하고 말씀하셨다.

"조선 시대 사람들은 우리처럼 쌀밥을 얼마나 자주 먹었나요?"

"쌀밥은 형편이 넉넉한 사람들이 먹었고, 일반 백성은 보리밥이나 잡곡밥을 많이 먹었지. 모든 사람이 쌀밥을 배불리 먹고 살 수는 없었단다."

"농민들이 부족한 곡식을 보충하기 위해 어떻게 했는지 궁금해요."

"밭에다 보리, 조, 수수, 콩, 녹두 같은 잡곡을 심어서 밥을 지어 먹었지. 임진왜란 후에는 외국에서 감자, 고구마, 옥수수를 들여와 심었단다. 이런 작물은 배고픔을 달래주었기 때문에 구황작물이라 했어."

"지금은 맛있는 간식이 된 감자, 고구마, 옥수수가 옛날에는 가난한 사람들이 밥 대신 먹었던 음식이네요. 그럼 조선 시대 사람들은 밥말고 다른 별미는 먹지 않았나요?"

"아니, 그렇지 않단다. 밥 대신 죽, 국수, 만두, 부침개 같은 음식을 별미로 만들어 먹었지."

"국수는 주로 언제 먹었나요?"

"생일이나 결혼식 날에는 밀가루나 메밀가루로 국수를 만들어 먹었단다. 임금님도 꿩고기를 삶은 육수로 만든 메밀국수를 별미로 들었단다. 무더운 여름철에는 동치미국물과 양지머리 육수를 섞어서 만든 국물을 식혀서 냉면을 만들어 먹기도 했지."

선생님은 학이와 술이에게 국과 찌개 이야기도 해주셨다.

"국이나 찌개는 끼니 때마다 빠지지 않았던 음식이었단다. 그래서 '반찬 없이는 밥을 먹어도 국이 없으면 밥이 넘어가지 않는다'는 말도 생겼지. 찌개는 뚝배기나 작은 냄비에 국물을 조금 넣고 끓였는데, 고기·채소·두부를 함께 넣었지. 국을 끓여 먹기 위해서는 기본적으로 소금과 장이 필요했는데, 장으로는 된장·간장을 주로 담가 먹었단다. 우리가 잘 아는 고추장은 임진왜란 이후 고추가 들어온 뒤에 된장을 담그는 방법을 이용해 담가 먹었던 거야. 고추

보리

조

콩

옥수수

녹두

장을 먹게 된 것은 음식을 발효해서 먹는 기술이 발달했기 때문이었단다."

학이는 반찬에 대해 궁금한 것을 물었다.

"조선 시대 사람들도 김치를 먹었나요?"

곁에 있던 술이가 "김치는 아주 오래전부터 내려온 우리의 전통음식이잖아." 하며 끼어들었다.

"그래 맞아. 김치는 가장 기본적인 반찬으로 늘 밥상에 올렸단다. 김치는 신선한 채소를 재배할 수 없었던 겨울철에 비타민과 같은 영양분을 공급해 주었지."

술이가 물었다.

"그 나물에 그 밥이라는 말이 있잖아요. 나물도 반찬으로 많이 먹지 않았을까요?"

"술이가 음식에 대해 관심이 많구나. 임금님이나 재산이 넉넉한 집에서는 나물, 볶음, 생선구이, 메밀묵 같은 여러 가지 반찬을 즐길 수 있었지. 하지만 일반 백성은 주로 밥, 국, 김치와 함께 두세 가지 나물 반찬을 먹었단다. 나물은 산이나 들에 흔했기 때문에 백성들이 쉽게 구할 수 있는 반찬이었지."

선생님은 조선 시대 음식에 대
해 다음 이야기를 덧붙이셨다.

"조선 시대 음식은 삼국 시대
와 고려 시대부터 오랫동안 전해 내려
오는 음식의 영향을 받았지. 우리의 자연조
건과 환경을 적절히 활용한 음식이었단다.
미생물을 발효시켜 김치와 장을 담그고, 술을
담글 때도 발효기술을 적절히 활용했단다. 흉년이
들었을 때도 소금 절임과 발효를 이용하여 음식을 만들어 먹었
단다. 조선 시대의 음식에는 생활의 지혜와 과학기술이 녹아들
었다고 할 수 있지. 나머지 궁금한 것은 학이와 술이가 타임머신
을 타고 조선 시대로 날아가 좀 더 조사해보고 돌아오렴."

임금님은 '수라', 제삿밥은 '메', 일반 백성은 '밥', 노비는 '끼니'

타임머신을 타고 18세기 조선 시대로 날아온 학이와 술이는 마
주친 백성들에게 물어보았다.

"평생의 가장 큰 소원이 무엇인가요?"

백성들은 모두 입을 모아서 대답했다.

"이밥에 고깃국을 실컷 먹어보는 것이 평생의 소원이지."

"이밥이 뭐예요?"

"응, 이밥은 쌀밥을 말해. 나무이름 중에서 이팝나무라는 게 있지. 꽃 모양이 흰 쌀밥처럼 생겨서 그 나무만 보면 쌀밥 생각이 나서 이팝나무라 부른단다."

학이와 술이는 흰 쌀밥을 배불리 먹는 것이 평생 소원이라는 말을 듣고 조선 시대 백성들이 배불리 먹지 못하고 살았다는 사실을 알게 되었다. 조선 시대에는 고깃국도 보통 때는 맛보기가 힘들었고, 명절이나 제사와 같은 특별한 때에만 먹을 수 있었다고 한다.

학이와 술이는 전국을 여행하면서 양반, 중인, 농민, 노비 등 다양한 신분의 사람들을 만나서 궁금한 것을 물어 보았다. 그 결과, 조선 시대 사람들은 신분과 지역에 따라서 먹는 음식의 종류가 다르다는 사실을 알게 되었다. 계절에 따라서도 먹는 음식이 다를 수 있었다.

첫째, 신분에 따라 주로 먹는 밥의 종류가 달랐다. 형편이 넉넉한 양반들은 쌀밥을 주식으로 했지만, 가난한 평민이나 노비들은 보리밥이나 조밥 같은 잡곡밥을 주식으로 삼았다. 신분에 따라서 밥을 뜻하는 말도 달랐다. 왕이나 왕비의 밥은 '수라'라고 하고, 제사에 올리는 밥은 '메'라 한다. 윗사람이 드는 밥을 높여서 '진지'라 하고, 일반 백성이 먹는 것은 그냥 '밥'이며,

노비나 백정 같은 하층민이 먹는 밥은 '끼니'라 했다.

둘째, 계절에 따라서 먹는 음식이 달랐고, 흉년이 들면 구황 식품을 만들어 먹었다. 가을에 거둔 곡식이 바닥나고, 보리가 아직 여물지 않은 오뉴월이 되면, 배고픈 보릿고개를 겪어야 했다. 흉년이 들거나 전쟁이 나면 죽을 쑤어 먹거나 풀뿌리, 나무 껍질로 구황 식품을 만들어 겨우 목숨을 이어갔다. 구황이란 먹을 양식이 모자랄 때 밥 대신 끼니를 때우는 소나무 껍질, 칡뿌

함부로 소를 잡아먹지 못하게 하는 법

조선 시대 사람들은 아주 특별한 때에만 쇠고기를 먹을 수 있었다. 나라에서 소를 함부로 잡지 못하게 하였기 때문이다. 백성들이 소를 마음대로 잡아먹을 경우, 논이나 밭을 갈거나 짐을 옮기는 데 어려운 일이 생길 수 있어 이러한 법을 정한 것이다. 게다가 조선 시대에는 쇠고기를 즐겨 먹을 만큼 많은 소를 기를 형편이 못되었다. 전쟁에 사용할 말을 기르는 목장은 전국 곳곳에 있었으나, 소는 가정에서 농사를 짓기 위해 한 마리씩 길렀기 때문에 임금님의 수라상에도 쇠고기가 가끔 올라갈 정도였다.

하지만 조선 후기로 갈수록 상업이 발달하면서 소의 거래가 어느 정도 이루어졌다. 그러나 농사에 소가 필요했기 때문에 철종과 고종 때까지도 소의 도살을 금지하였다. 끼니를 때우기도 힘든 가난한 평민이나 노비들은 쇠고기를 사서 먹을 형편이 되지 못했다.

리, 나물 등 대용식품을 말한다. 흉년이 들었을 때 소금과 장은 생명을 연장하는 데 가장 필요한 식품이었다. 풀뿌리나 소나무 껍질로 목숨을 이어갈 때에도 된장이나 간장만은 필요했다. 그러다가 조선 후기에 고구마, 감자, 옥수수, 호박 등을 기르게 되어 굶주림을 해결하는 데에 많은 도움을 주기도 했다.

셋째, 지역에 따라서 주식의 종류가 달랐다. 평야가 많은 지방에서는 논에 벼와 보리를 심어 주식으로 하였고, 논이 적은 강원도·함경도 지방 사람이나 산골 사람들은 조밥을 주식으로 하다가 임진왜란 이후에는 감자나 옥수수를 재배하여 조와 함께 주식으로 삼았다.

세 가지 대표 음식 | 장, 술, 김치

장   모든 음식에 들어가는 발효식품

조선 시대에는 계절에 따라 여러 음식을 만들어 먹었다. 봄에는 장을 담그고, 여름에는 젓갈을 담갔으며, 가을에는 장아찌를 담갔다. 겨울에는 김장을 하고 메주를 쑤었다.

예부터 전해오는 연중행사와 풍습을 설명한 『동국세시기』에는 "서울의 풍속은 10월에 무, 배추, 마늘, 고추, 소금 등으로 김장을 담근다. 여름의 장 담그기와 겨울의 김치 담그기는 일반 백성들에게 1년에서 가장 중요한 계획이다." 하고 적혀 있다. 추운 겨울철 내내 먹을 김장을 10월에 미리 준비했으며, 여름철에는 장 담그기를 했음을 알 수 있다.

조선 시대에는 계절에 따라 여러 발효식품을 만들어 먹었다. 대표적인 발효식품이라 할 수 있는 장의 기본 원료는 콩이다. 콩은 만주와 한반도 지역에서 가장 먼저 재배되기 시작한 곡식이다. 평양시 삼석구역 남경 유적 36호 집터에서 발굴된 유물에서 기원전 4000년 무렵의 불에 탄 콩이 나오기도 하였다.

콩은 쌀과 보리와 같은 일반 곡물에는 부족한 필수 아미노산인 리아신이 풍부하게 들어 있는 단백질 식품이다. 따라서 쌀밥이나 보리밥만을 먹었을 때, 부족한 단백질을 보충해 준다. 콩에는 심장을 보호하고 동맥경화를 막아주는 불포화지방산, 혈액 속에 기름기가 쌓이는 것을 막아주는 사포닌, 세포막의 주성분으로 알려진 레시틴 등이 들어 있다. 그러므로 콩은 단백질이 많이 들어 있을 뿐만 아니라 동맥경화 같은 질병까지 막아주는 건강식품이다.

옛 사람들은 콩을 재배하고부터 메주를 쑤고 장을 담그기 시작했다. "고구려 사람은 장 담그고 술 빚는 솜씨가 훌륭하다." 하는 옛 기록이나 그 유물로 보면, 장 담그기는 고구려에서부터 시작한 듯하다.

고구려 안악3호 고분 벽화를 보면, 우물가에 장독대가 있는 데, 덕흥리 고구려 고분에는 술·고기와 쌀 그리고 된장이 창고에 가득하다는 글이 적혀 있다. 신라에서도 메주를 쑨 기록이 있다. 『삼국사기』에는 신문왕이 김흠운의 딸을 왕비로 삼을 때 예물로 보낸 품목 명세 속에 간장과 된장, 그리고 메주가 있었다.

이후 고려 시대로 장 담그기가 이어졌다. 송나라의 사신으로 고려에 파견되었던 손목은 『계림유사』에 "메주로 장을 담근다." 는 기록을 남겼다. 또한 『고려사』에도 거란의 침략으로 백성들

이 추위와 굶주림으로 고생하자 소금과
장을 나누어 주었다는 기록이 있
다. 가뭄으로 흉년이 들었을 때 개
경(개성)의 굶주리는 백성 3만 명에
게 메주를 내려주기도 했다.

메주

　장 담그기는 조선 시대에도 변함없이 이어졌다. 가뭄이나 홍수
또는 전란이 일어났을 때 백성들에게 소금과 장을 나누어 주었
다. 왜냐하면 소금과 장은 모든 음식의 기본 재료였기 때문이다.

　우리나라에서는 지금으로부터 200~250년 전부터는 오늘날
과 비슷한 방식으로 메주를 쑤기 시작했다. 소금물에 숙성시킨
메주의 건더기로 된장을 만들고, 즙을 짜낸 액은 간장이 되었
다. 메주덩이를 따뜻한 곳에 보관하는 동안 여러 미생물이 발육
한다. 이들 미생물은 콩의 성분을 분해할 수 있는 단백질분해효
소와 전분분해효소를 분비하여 간장에 맛과 향기를 더한다.

　한편 임진왜란을 전후하여 고추를 가꾸고부터 새로운 발효음
식인 고추장을 만들어 먹기 시작했다. 『증보산림경제』(1766)에
는 숙성 고추장이라 할 수 있는 '만초장' 제조법이 적혀 있다.
『규합총서』(1809~15년경)에도 고추장 담그는 기록이 있다. 1796
년(정조 20) 연암 박지원은 "고추장 작은 단지 하나를 보내니 사
랑방에 두고 밥 먹을 때마다 먹으면 좋을 거다. 내가 손수 담근
건데 아직 완전히 익지는 않았다."는 내용의 편지를 아들에게
보내기도 했다.

된장 담그기

조선 시대 사람들은 메주를 소금물에 넣어 한 꺼번에 간장과 된장을 얻었다. 메주로 장을 담 가서 장물을 떠내고 남은 건더기로 된장을 만들 었다. 메주에 소금물을 알맞게 부어 익혀서 장물을 떠내지 않고 그냥 된장을 만들기도 하였다.

된장 담그는 과정

1. 콩을 물에 씻은 다음 하룻밤 물에 담갔다가 건져서 삶는다. 그것을 절구에 찧어서 메주를 쑨다.

맛있는 메주를 만들기 위해서는 좋은 콩을 고르는 것이 중요하다. 도리깨 질을 하여 수확한 콩을 키질을 해서 좋은 콩만 골라낸다. 이렇게 골라낸 콩을 아궁이에 장작불을 피워 가마솥에 넣고 삶는다. 이렇게 삶은 콩을 절 구에 넣고 찧은 다음 네모난 모양이나 둥근 모양의 메주를 만든다.

2. 메주를 띄운 다음 햇볕에 말린다.

방안에 며칠 동안 메주를 그대로 두어 표면이 꾸덕꾸덕해질 때까지 말린 다. 메주를 잘 덮어서 따뜻한 곳에 두거나 겨울 동안 방안에 메달아 놓으 면 알맞게 뜬다. 이것을 이른 봄에 햇볕에 바짝 말린다.

3. 메주를 소금물에 담가 숯과 붉은 고추를 띄워 익힌다.

소금의 농도는 18~20%가 적당하다. 『증보산림경제』에 기록된 장 담그는 법을 보면 "메주 한 말, 소금 여섯 또는 일곱 되, 물 한통으로 하되 가을에 서 겨울 사이에는 이보다 적게 하고, 늦은 봄에는 이보다 많이 한다."고 하였다. 계절에 따라 소금의 양을 조절하는 지혜가 있었음을 알 수 있다.

4. 메주를 건져 담아 소금을 뿌리고 다시 숙성시키면 된장이 된다.

된장을 담을 항아리는 미리 씻어서 바짝 말리고, 밑바닥에 소금을 약간 뿌린 후 메주를 넣고 위에서 꾹꾹 눌러준다. 맑은 날에는 뚜껑을 열어 햇 볕을 쬐면서 한 달 정도 두면 숙성하여 맛이 든다.

1. 메주를 쑨다.

2. 메주를 띄운 다음 햇볕에 말린다.

3. 소금물에 담가 익힌다.

간장
담그기

간장은 음식의 간을 맞추는 기본 양념이다. 간장은 짠맛, 단맛, 감칠맛 등이 어우러진 독특한 맛과 특유의 향을 지니고 있다. 담근 지 1~2년 정도 되는 묽은 간장은 국을 끓이는 데 쓰이며, 중간장은 찌개나 나물을 무치는 데 쓰인다. 담근 햇수가 5년 이상 되어 오래된 진간장은 달고 가무스름하다. 이런 간장은 약식(찹쌀 고두밥에 여러 재료를 섞어서 시루에 찐 약밥)이나 전복초(전복을 갖은 양념을 한 간장에 조려서 만든 요리)를 만드는 데 쓰인다.

간장 담그는 과정

1. 메주를 햇볕이 잘 드는 처마 밑에 매단다.
재래식 방법으로 메주를 쑤면 여러 종류의 세균과 곰팡이가 번식하여 집집마다 독특한 장맛을 지니게 되지만 장을 잘못 관리하면 맛이 좋지 않고 냄새가 날 수도 있다. 개량식 방법은 누룩곰팡이 중에서 황국균 한 가지만 번식시켜서 만든 개량메주로 장을 담그기 때문에 장맛이 균일하다.

2. 장 담그기 하루 전 항아리 위에 베보자기를 깔고 시루나 소쿠리를 얹은 후 소금을 담고 물을 부어 소금물을 가라앉힌다.
옛날에는 장 담글 물을 준비하는 데도 많은 정성을 들여 '납설수'를 받기도 하였다. 납설수는 섣달 마지막 날에 내린 눈을 녹여 만든 물인데 이것으로 담근 장에서는 벌레가 생기지 않는다는 믿음이 전해 내려왔다.

3. 항아리에 메주를 넣고 소금물을 붓는다.
소금의 농도는 18~20%가 적당하다. 간장을 많이 만들려면 메주와 물의 비율을 1:4로 하고, 간장과 된장을 함께 얻으려면 1:3으로 한다.

4. 항아리에 숯, 마른 고추, 대추를 서너 개씩 띄운 후, 독을 30~40일 가량 햇볕에 열어둔다.
숯은 물기를 잘 빨아들이기 때문에 나쁜 냄새를 같이 빨아들이는 효과가 있다. 고추는 살균효과가 있으며, 대추는 맛이 달뿐만 아니라 소화 기능을 보강하며 기운을 좋아지게 하고 정신을 편안하게 해준다. 한편 조선 시대 사람들은 고추와 대추는 붉은 색을 띠고 있어서 나쁜 것을 가까이 오지 못하게 하여 액을 막아준다고 생각했다.

5. 충분히 우린 즙액을 용수나 체로 걸러서 솥에 붓고 달여서 간장을 만든다.
날씨가 따뜻할수록 발효기간이 짧기 때문에 1월에 담근 장은 70~80일, 2월에 담근 장은 50~60일, 3월 장은 40~50일 정도 지나면 장을 뜬다. 장을 뜰 때 용수를 박고 간장을 떠낸 후에 메주를 덜어 낸다. 용수가 없을 때는 체로 걸러 낸다. 된장과 분리한 간장은 날간장이라 부른다. 날간장이 부패하는 것을 막고 맛이 진한 장을 얻기 위해서는 솥에 붓고 80℃의 온도에서 10~20분 정도 달여야 한다. 햇볕이 좋은 날 뚜껑을 열어 30~50일 정도 볕을 쬐면 숙성이 되어 간장 맛과 향이 충분히 우러난다.

1. 메주를 매단다.

2. 소금물을 가라앉힌다.

3. 항아리에 메주를 넣고 소금물을 붓는다.

4. 고추를 띄운 다음 간장물을 햇볕에 열어 둔다.

고추장
담그기

고추장은 메줏가루에 질게 지은 밥이나 떡가루 또는 되게 쑨 죽을 버무리고 고춧가루와 소금을 섞어서 간을 맞춘 뒤 발효시켜서 만든다.

담글 때 어떤 재료를 사용하느냐에 따라 찹쌀고추장, 보리고추장, 밀가루고추장, 수수고추장, 고구마고추장 등으로 나눈다. 찹쌀고추장은 초고추장을 만들거나 색을 곱게 낼 때 사용하고, 보리고추장은 여름철에 쌈장으로 썼다. 밀가루고추장은 찌개나 된장국을 끓일 때 쓰였고, 밀가루고추장에는 채소를 박아 장아찌를 만들기도 했다. 고추장은 재료나 간의 정도와 보관 장소에 따라 숙성되는 기간이 서로 다르다.

찹쌀고추장 담그는 과정

1. 고추장용 메주 만들기

고추장용 메주는 멥쌀 1말에 콩 8되의 비율로 만들고, 쌀은 가루로 만들며 콩은 2일간 찬물에 담갔다가 시루에 콩과 쌀가루를 켜켜이 놓아 쪄 낸다. 이것을 절구에 찧어 어른 주먹만 한 크기로 둥글게 빚고 가운데에 구멍을 내어 바람이 잘 통하는 응달에 한 달 정도 매달아 둔다.

2. 찹쌀가루를 반죽해서 떡을 만들어 끓는 물에 삶는다.

고추장을 담는 재료로 고춧가루, 메줏가루, 찹쌀가루, 엿기름가루, 소금, 물을 준비한다. 찹쌀가루에 물을 부어 말랑말랑한 반죽을 한 다음, 가운데에 구멍이 뚫린 둥그스름한 떡을 빚는다. 펄펄 끓는 물에 떡을 넣고 삶아서 떠오르면 건져 낸다. 요즈음은 찹쌀가루를 엿기름물에 삭혔다가 끓여서 쓰는 간단한 방법을 이용한다.

3. 건져 낸 떡을 방망이로 저어서 응어리 없이 푼다.

떡을 건져서 커다란 양푼에 담은 후 방망이로 저어서 응어리가 없도록 고르게 푼다. 떡 삶은 물을 조금씩 넣으면서 매끈하게 풀어준다.

4. 메줏가루, 고춧가루를 넣고 주걱으로 젓는다.

나무주걱으로 저어 가면서 오래 달인 찹쌀풀을 큰 그릇에 쏟아 부어 뜨거운 김을 뺀다. 찹쌀풀이 식으면 메줏가루와 고춧가루를 넣고 주걱으로 고루 젓는다.

5. 소금으로 간을 한다.

메줏가루와 고춧가루로 색을 잘 조절한 다음 소금으로 간을 한다. 항아리에 옮겨 담은 후 덧소금을 뿌리고 망사를 덮어 이물이 들어가지 못하게 한다. 하룻밤 동안 김이 나가게 놓아두었다가 다음날 뚜껑을 덮는다. 고추장은 부글부글 끓어 넘치는 것을 방지하기 위해서 단지에 담은 후에도 얼마 동안은 계속 저어주는 것이 좋다.

1. 재료를 준비하여 고추장용 메주를 만든다.

2. 엿기름을 거른다.

3. 메줏가루, 고춧가루를 섞는다.

4. 항아리에 옮겨 담고 덧소금을 뿌린다.

술 누룩

조선 시대에는 조상에 대한 제사를 아주 중요하게 여겼다. 한 해가 끝나는 섣달 그믐날 밤에는 종가에 모여 음식과 떡국을 차려 밤중제사를 지냈다. 그리고 새해 첫날에는 모든 자손이 모여 메밥(제삿밥)을 올리고 차례를 지냈다.

제사를 모시는 조상은 고조할아버지와 고조할머니, 증조할아버지와 증조할머니, 할아버지와 할머니, 아버지와 어머니 등 4대였다. 양반집에서는 집 안에 제사를 지내는 사당이 따로 있었다.

제사를 지낼 때는 꼭 술을 올렸기 때문에 술 빚는 기술이 발달하게 되었다. 조선 시대 사람들은 여러 책에 술 빚는 방법을 기록으로 남겨 놓았는데, 쌀을 원료로 하는 술만 하더라도 150여 가지나 된다. 조선 시대 사람들이 남긴 책에는 술 빚는 법, 술 빚는 날, 신맛이 나는 술을 고치는 법, 누룩 만드는 법과 그 종류, 누룩 만드는 날, 술을 빚는 물, 술을 빚는 곡식, 술독의 소독법, 숙취를 예방하는 법, 술 마시는 예법에 이르기까지 여러 가지 내용이 있다.

「음식디미방」

술을 빚기 위해서는 우선 누룩을 만들어야 한다. 『음식디미

방』이라는 책에는 누룩을 다음과 같은 방법으로 만든다고 적혀
있다.

"누룩은 밀기울 5되에 물 1되씩을 섞어 꼭꼭 밟아 디디고 비 오는
날이면 더운 물로 디딘다. 때는 6월과 7월 초순이 좋은데, 이 시기는
더울 때이므로 마루방에 누룩을 두 두레씩 매달아 자주 뒤적거리고
썩을 염려가 있을 때는 한두 차례씩 바람을 쐬게 한다. 날씨가 서늘
하면 짚방석을 깔고 서너 두레씩 늘어놓고 위에 또 짚방석을 덮어
썩지 않게 자주 뒤집어가며 띄운다. 거의 다 뜬 누룩은 하루쯤 볕에
쬐었다가 다시 거두어 더 뜨게 한다. 이것을 여러 날 두고 밤낮으로
이슬을 맞히는데 비를 맞히지는 않는다."

누룩이란 술을 만드는 효소를 갖는 곰팡이를 곡류에 번식시
킨 것을 말한다. 누룩곰팡이는 빛깔에 따라 노란색 누룩곰팡이
(황국균), 검은색 누룩곰팡이(흑국균), 붉은색
누룩곰팡이(홍국균) 등이 있는데 막걸리
나 청주에는 주로 황국균이 쓰인다.

누룩

막걸리와 청주 만들기

조선 시대의 술은 크게 탁주, 청주, 소주로 나눌 수 있다. 탁주란 색깔이 뿌연 술로 흔히 막걸리라 부른다. 청주란 색깔이 맑은 술을 말한다. 탁주와 청주는 만드는 재료와 방법이 거의 같다. 다만 걸러내는 방법에 차이가 있을 뿐이다.

탁주와 청주는 멥쌀이나 찹쌀, 밀누룩, 그리고 물을 원료로 한다. 먼저 멥쌀이나 찹쌀을 시루에 쪄서 고두밥을 만든 다음, 이것을 식혀서 빻은 누룩을 비벼 물과 함께 항아리에 담는다. 항아리를 25℃ 정도 되는 따뜻한 곳에 3~7일 정도 놓아두면 효모균과 술 효모가 발육한다. 이것을 다시 독에 넣고 찐쌀·누룩·물을 잘 섞어서 일정기간 저장해 두면 효모균의 작용으로 녹말은 당분으로 변하고, 마침내 알코올이 된다.

다 익은 술독 안에 용수를 넣으면 용수 안에 맑은 술이 고이는데, 이것이 바로 청주다. 용수는 보통 가늘게 쪼갠 대나무나 싸리나무, 버드나무 가지나 칡덩굴의 속대, 짚 등을 촘촘하게 엮어서 원통형 바구니 모양으로 만든다. 청주를 떠내고 난 뒤에 가라앉아 있는 술지게미에 물을 부어 하루쯤 재웠다가 체로 거르면 탁주가 된다.

막걸리와 청주 만드는 과정

1. 재료(맵쌀, 찹쌀, 밀누룩, 물)를 준비한다.

2. 쌀을 쪄서 식힌 후 누룩을 비벼 항아리에 담는다.

3. 항아리를 3~5일 정도 띄운다.

4. 밑술을 넣고 불을 부어 2일 정도 발효시킨다.(1차 발효)

5. 찐쌀과 누룩을 넣고 물을 부어 1주일 정도 발효시킨다.(2차 발효)

6. 체로 걸러서 청주와 막걸리를 구분한다.

소주
만들기

　소주는 소줏고리로 고아 내린 증류주를 말한다. 쌀과 누룩, 물을 원료로 술밑을 만드는 방법은 탁주나 청주와 거의 같다. 먼저 술밑을 솥에 붓고, 그 위에 소줏고리를 얹어 김이 새지 않게 틈을 막는다. 그 다음에 불을 때면 알코올이 증류하여 소줏고리 윗부분에 담긴 찬물에 닿아 이슬처럼 맺혀 내려온다.

　소주를 만들기 위해서는 탁주나 청주에 비해 많은 곡식이 들어간다. 그래서 국가에서는 사치를 금지하기 위해서 금주령을 내리는 일이 있었다. 보통 봄에 가뭄이 들면 가을 추수 때까지 금주령을 내렸다. 『세종실록』에는 세종이 술의 폐단에 대해 다음과 같이 말한 내용이 기록되어 있다.

　"술의 해독은 크니, 어찌 곡식을 썩히고 재물을 허비하는 일뿐이겠는가. 술은 안으로 마음과 의지를 손상시키고 겉으로는 예법에 맞는 몸가짐을 잃게 한다. 혹은 술 때문에 부모 봉양을 버리고, 혹은 남녀의 분별을 문란하게 한다. 해독이 크면 나라를 잃고 집을 패망하게 한다. 해독이 적어도 성품을 그릇되게 하고 생명을 잃게 한다. 술이 사람의 도리를 더럽혀 문란하게 하는 것은 이루 다 말할 수 없다."

　하지만 금주령은 평민이나 노비 등 하층민에게만 시행되고 실제로는 효과가 적었다. 그것은 왕실용 술, 사신 접대용 술, 제사 및 혼례용 술, 약용 술 등을 예외로 인정하였기 때문이다.

소주 만드는 과정

1. 쌀을 쪄서 식힌 후 누룩을 비벼 항아리에 담는다.

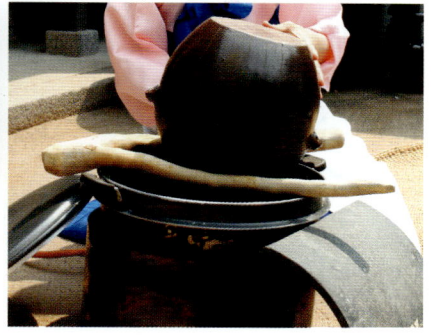

2. 항아리를 3~5일 정도 띄운다.

3. 술밑을 넣고 물을 부어 2일 정도 발효시킨다.(1차 발효)

4. 찐쌀과 누룩을 넣고 물을 부어 1주일 정도 발효시킨다.(2차 발효)

5. 밑술(막걸리, 소주)을 솥에 붓고, 그 위에 소줏고리를 얹어 김이 새지 않게 틈을 막는다.

6. 불을 때면 기화되어 증류된 알코올이 소줏고리 윗부분에 담긴 찬물에 닿아 이슬처럼 맺혀 내려온다.

술빚는 도구

절구 술의 원료인 쌀이나 밀을 찧거나 빻는 기구

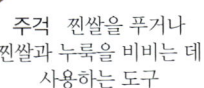

주걱 찐쌀을 푸거나 찐쌀과 누룩을 비비는 데 사용하는 도구

멧돌 술의 원료인 쌀이나 밀을 가는 도구

누룩틀 밀가루 반죽을 넣고 발로 꾹꾹 밟아 누룩을 만드는 데 사용하는 도구

용수 술독 안에 박아 넣어서 맑은 술을 얻는 데 사용하는 도구. 가늘게 쪼갠 대나무, 싸리나무, 버드나무, 칡덩굴, 짚 등으로 만든다.

소주받이 소줏고리에서
흘러 내려오는 소주를
받아서 담는 그릇

소줏고리 막걸리나
청주를 증류시켜 소주를
만들 때 쓰는 용기

장군병 물이나 술, 간장
등 액체를 담는 그릇

체 알갱이를 선별하는 도구.
말털, 철사, 대나무, 등나무
따위로 만든 망이나 삼베,
명주 등의 천으로 만든다.

솥 아궁이에 걸어 놓고 막걸리나
청주를 담아 불을 지펴 끓이는 도구

시루 쌀을 쪄서 고두밥을
만드는 도구

김치 언제부터 고추와 젓갈을 양념으로 한 배추김치를 먹기 시작했을까?

김치는 우리나라를 대표하는 음식으로 재료와 담그는 방법에 따라 종류가 다양하다. 김치는 무, 배추, 오이 등과 같은 채소를 소금, 초, 장 등에 절이고 고추, 파, 마늘, 생강 등 여러 양념을 버무려 담근 발효채소 식품이다. 김치에는 채소와 양념뿐 아니라 젓갈류와 향신료도 들어간다.

그렇다면 우리는 언제부터 고추와 젓갈을 양념으로 하여 배추김치를 담갔을까? 우리가 지금까지도 즐겨 먹는 배추김치가 어떤 변화과정을 거쳐 왔는지를 살펴보면 새로운 문화와 전통문화가 어떻게 조화를 이루는지를 이해할 수 있다.

먼저 김치의 어원을 알아보자. 김치라는 말은 '담근 채소'라는 뜻을 가진 '침채沈菜'라는 말에서 유래했다. '침채沈菜'를 조선 시대 사람들은 '딤채'라고 읽었다. '딤채'가 '짐채'로 변했다가 '김치'로 굳어진 것으로 짐작된다.

한편 1481년(성종 12)에 간행된 『두시언해』에는 저菹가 '디히'라는 말로 번역되어 있다. 따라서 '디히'라는 말이 '오이지, 싱건지, 짠지, 석박지' 등의 어미에 들어 있는 '김치'의 고유어라고 주장하는 학자도 있다.

김치에는 비타민 C와 비타민 A가 듬뿍 들어 있고, 쌀밥을 주식으로 하는 경우 부족해지기 쉬운 비타민 B_1의 흡수에 도움을 준다. 또한 발효와 숙성이 이루어지는 동안 젖산, 사과산, 초산,

옥살산 등이 생성된다. 김치에 함유된 이들 유익한 세균은 장에서 나쁜 세균이 자라지 못하게 한다. 그리고 김치 담글 때 들어가는 젓갈에는 아미노산과 칼슘 등 영양분이 풍부하게 들어 있다. 옛 사람들은 아미노산을 통해 곡물류에 부족한 단백질을 보충할 수 있었다. 뿐만 아니라 채소에는 칼슘, 구리, 인, 철분, 나트륨 등 인체에 필요한 염분과 무기질이 들어 있다.

고려와 조선 초기까지 무, 가지, 오이, 죽순 등을 소금에 절이

발효와 부패

발효는 미생물이 각종 효소를 분비하여 유기물을 산화, 환원 또는 분해, 합성시키는 반응이다. 부패도 발효와 비슷한 과정에 의해 진행되기 때문에 서로 구별하는 것이 어렵다. 일반적으로 인간 생활에 유용한 물질이 만들어지면 '발효'라 하고, 악취가 나거나 유해한 물질이 되면 '부패'라고 부른다.

발효와 부패는 19세기 중반 파스퇴르(1822~95)에 의해 처음으로 과학적으로 규명되었다. 그는 포도주 연구를 통해 젖산 발효는 젖산균에 의해 일어나며, 알코올 발효는 효모균의 생활에 관련해서 일어난다는 것을 발견하였다. 이어서 1865년 포도주가 산패하는 것을 방지하기 위해 저온살균법을 개발했다. 저온살균법은 맥주의 산패를 방지하는 데도 응용되었는데, 효모를 제거함으로써 맥주의 장기보관이 가능해졌다. 산패란 발효식품에 산성이 너무 많아져 냄새가 나고 맛이 나빠지는 것을 말한다.

발효에 관여하는 미생물은 세균, 효모, 곰팡이 등으로 종류가 매우 다양하다. 이들은 온도, 습기, 열, 햇빛 등의 생육조건과 환경에 따라 가지각색의 분포를 보인다. 인간은 식품의 맛과 향, 그리고 저장성을 증진시키기 위해서 경험적으로 발효를 이용해 왔다. 조선 시대의 전통 발효식품으로는 장·김치·젓갈·식초·식혜·술 등이 있으며, 서양에서도 오랜 옛날부터 요구르트·치즈 같은 유제품, 와인 등의 발효식품을 만들어 왔다.

고, 마늘, 생강, 천초 등을 양념으로 넣어 장아찌나 짠지 위주의 김치를 담갔다. 『세종실록』에는 죽순김치, 미나리김치, 순무김치, 부추김치 등 네 종류의 김치가 등장하는데 짠지라기보다는 신건지일 것으로 추정된다. 1525년(중종 20)에 간행된 『간이벽온방』에는 '박딤채'라는 말이 나온다. 순무나박김치의 국물을 어른과 아이가 모두 마신다는 내용으로 미루어 순무를 동치미와 나박김치로 담갔다는 것을 알 수 있다. 임진왜란 전에 지은 것으로 추정되는 『사시찬요초』에는 오이김치, 더덕장아찌, 도라지장아찌, 가지장아찌 등을 담그는 농가행사가 기록되어 있다. 그러나 이때까지는 김치에 고추나 젓갈 양념이 들어가지 않았다.

김치에 고추와 젓갈을 양념으로 넣어 오늘과 같은 형태를 띠게 된 것은 조선 후기부터라 할 수 있다. 김치의 변화를 이끈 것은 문명의 교류에 의해 새롭게 들어온 채소류와 양념 식품이었다. 특히 결구배추와 고추가 들어옴으로써 김치 담그는 법이 획기적으로 바뀐 것이다.

순무

배추 | 지중해에서 중앙아시아와 중국을 거쳐 들어왔다

2천년쯤 전에 지중해 연안에서 자라는 잡초성 유채가 중앙아시아를 거쳐 중국에 전해졌다. 그 후 7세기경 중국 북부지방에서 재배되던 순무와 중국 남부지방에서 재배되던 숭이 중국 북부 지방에서 자연 교잡되어 배추의 원시형태가 나타났다. 이러한 배추의 원시형태가 우리나라에도 들어왔다.

우리나라에서는 배추를 '숭菘, 숭채, 백숭, 우두숭, 백채, 배추, 배차, 배채, 벱추' 등으로 불렀다. 고려 말까지는 오이와 무를 재료로 담근 김치를 장아찌와 동치미 형태로 먹었다. 고려 시대의 학자 이규보가 「가포육영」이라 하여 외, 가지, 순무, 파, 아욱, 박 등 6가지 채소를 노래한 글을 남겼다. 이 글에는 "순무는 장에 담가 여름 3개월에 먹으면 좋고, 소금에 담가 겨울 3개월에 대비한다." 했다.

조선 시대 양반들은 배추를 '숭'이라 부르고, 백성들은 '백채'라고 불렀다. 중종 때의 학자 최세진은 『훈몽자회』라는 책에서 "숭菘 : 배채 숑, 속호俗呼 백채白寀"라고 설명했다. '속호 백채'는 일반 사람들이 백채라 부른다는 뜻이다.

임진왜란 전까지는 배추를 주로 동치미처럼 물김치로 만들어 먹었다. 세종 때부터 세조 때까지 궁중에서 어의御醫로 활약하던 전순의는 「백채 담그는 법」을 기록으로 남겼다. "백채를 깨끗이 씻어서 1포기에 소금 3홉을 넣고 하룻밤 지낸 뒤에 다시 씻어 먼저처럼 소금을 넣고 항아리에 담아서 물을 붓는 것이 다른 침채와 같다."라는 설명이다.

임진왜란 이후 허균이 남긴 편지를 보면 "팥 섞은 밥에 배추 김치를 먹으면 그 맛이 엿처럼 달았는데 지금 다시 그러한 맛을 볼 수 있겠습니까." 하며 옛 일을 회상하고 있다. 당시 허균이 먹었던 배추김치는 삶은 배추쌈이거나 오이지나 단무지 같은 종류의 배추절임, 또는 물김치였을 것으로 짐작된다.

결구배추 | 18세기 이후 중국에서 들어왔다

중국에서 배추의 원시형인 숭을 개량하여 반결구배추를 만든 것은 16세기경이었다. 반결구배추는 18세기에 이르러서야 비로소 오늘날 우리가 즐겨 먹는, 속이 꽉 찬 결구배추로 개량되었다.

18세기 이후 조선에도 중국의 결구배추를 들여왔으나 재배조건이 맞지 않아 널리 가꾸어지지는 못하였다. 이러한 이유 때문에 19세기 중반까지 조선 사람들은 동치미나 청각김치, 무짠지 등의 무김치를 주로 먹었다.

1804년(순조 4)에 동지 명절을 축하하기 위해 청나라의 서울 연경을 다녀온 이해응이 쓴 『계산기정』에는 중국의 김치를 다음과 같이 소개하고 있다.

결구배추

"침채는 맛이 매우 짜기 때문에 물에 담가 두었다가 소금기가 빠진 뒤에 잘게 썰어서 먹는다. 어차과魚醝瓜는 대릉하에서 나는 것인데, 젓갈을 소금에 오래 절여 두면 젓국이 기름처럼 맑아진다. 그 젓국에 작은 오이지를 담그는데, 색깔은 갓 딴 순무처럼 시퍼렇다. 그것을 혹 노하고鹵蝦菇라고도 한다."

당시 중국에서도 우리와 비슷한 방법으로 소금에 절인 갓김치와 배추김치를 먹었음을 알 수 있다. 그리고 이때까지 우리나라에는 고추와 젓갈로 양념한 배추김치가 널리 퍼지지 않았다는 사실도 확인할 수 있다.

고추 | 임진왜란 이후 일본에서 들어왔다

고추는 멕시코 원산이다. 기원전 6500년경의 멕시코 유적에서 고추가 출토된 일이 있다. 기원전부터 멕시코나 페루에서 고추가 재배되었는데, 콜럼부스가 스페인에 고추를 전파했

고추

다. 이후 16세기에는 영국, 중부 유럽, 일본, 중국 등지에 전파되었다.

우리나라에서는 광해군 6년(1614) 이수광이 쓴 『지봉유설』에 처음 등장한다. 당시 고추는 남만초로 불렸는데, 이수광은 다음과 같이 기록하고 있다.

"남만초는 강한 독이 있는데 처음 왜국에서 들어왔다. 그래서 왜개자라고도 하였다. 술집에서 이것을 심어 간혹 소주에 타서 파는데 그 맹렬한 매운 맛 때문에 이를 마신 자들 대부분이 죽었다."

조선 후기의 실학자 이익이 쓴 『성호사설』에는 "내가 시험 삼

아 먹어본 천초는 씨가 많고 매운맛이 적었다. 왜인들은 이를 번초라 하고, 우리나라에서는 왜초라 하는데, 맛이 몹시 맵기 때문에 채소만 먹는 야인의 비위에 가장 알맞다."는 기록이 있다. 그는 고추를 천초, 번초, 왜초라고 불렀다.

조선 말기의 학자 이주경은 『오주연문장전산고』에서 번초, 고초, 남만초 등의 명칭과 도입경로를 밝히면서 우리나라에는 고추가 임진왜란 이후에 담배, 호박과 함께 도입되었다고 했다.

고추는 조선에 도입된 이후에도 오랫동안 김치의 양념으로 사용되지 않았다. 19세기 말까지는 고추와 젓갈이 배추김치에 거의 쓰이지 않았다. 왜 고추와 배추와 젓갈이 서로 만나지 못했을까?

이러한 의문에 대한 해답으로 18세기에 소금 값이 급등하여 김치에 고춧가루와 젓갈이 양념으로 들어가게 되었다는 주장이 나왔다. 기무라 슈이치라는 일본인 학자는 쥐를 이용한 실험을 통하여 고추의 캅사이신이 소금 섭취를 줄이는 기능과 캅사이신이 식욕을 증가시켜 식사량을 늘리는 작용을 한다고 주장했다. 그래서 김치를 담글 때 소금을 적게 사용하는 방법으로 고춧가루와 젓갈이 사용되었다는 것이다.

반면 원래 매운맛을 좋아하는 우리 민족의 식성 때문에 고추가 김치 양념으로 널리 쓰이게 되었다는 주장도 있다. 이러한 주장들은 나름대로 근거가 있기는 하지만 아직까지 풀리지 않은 의문이 더 많다.

『증보산림경제』 | 고추를 김치 양념으로 사용한 기록이 있다

김치 양념으로 고추를 사용한 예와 고추장 담그는 법은 18세기 말의 문헌인 『증보산림경제』에서 처음으로 나타난다. 이 책은 영조의 내의內醫였던 유중림이 숙종대의 학자 홍만선이 펴낸 『산림경제』를 보충하여 다시 펴낸 것이다. 이 책의 '오이김치 담그는 법'에 다음과 같이 고추 양념이 처음 등장한다.

> "늙지 않은 오이를 골라 깨끗하게 씻는다. 따로 생강, 마늘, 고추, 부추, 파 등의 양념을 아주 가늘게 채를 썰 듯이 썬다. 깨끗한 항아리에 먼저 오이를 한 겹 넣고 그 위에 양념을 한 겹 넣어 차곡차곡 쌓는다."

유중림은 김치 담그는 법을 소금을 적게 쓰는 '담저법'과 소금을 많이 넣어 짜게 하는 '함저법'으로 크게 나누었으며, 배추김치·동치미·오이소박이·짠지 등을 소개했다. 배추김치는 여전히 신건지의 범주를 벗어나지 못했으나, 오이김치에 고추를 양념으로 넣기 시작했다.

유중림보다 앞선 시대의 학자인 홍만선은 『산림경제』에서 배추와 고추의 재배법을 소개하였다. 그러나 『산림경제』에는 고추 양념에 대한 언급이 전혀 나타나지 않는다. 다만 산갓을 뜨거운 물에 데쳐 간장에 식초를 탄 초장에 무쳐 먹는 산갓김치나 부추를 소금에 절여 참기름에 버무려 먹는 부추지 같은 김치 종류를 소개했을 뿐이다.

1670년경 장씨 부인이 한글로 요리명과 요리법을 쓴『음식디미방』에도 고추에 대한 언급이 전혀 없다. 그 이유는 아마 17세기 말까지 경상도 북부지방에 고추가 보급되지 않았기 때문인 것 같다. 『음식디미방』에는 산갓김치, 생치침채, 생치잔지히, 생치지히 등이 소개되어 있는데 주로 천초, 후추, 마늘, 파 등을 양념으로 쓰고 있다. 생치는 날꿩고기를 말하며, 왕실이나 양반 귀족층에서나 먹을 수 있던 고급고기였다.

『증보산림경제』에는 청각김치와 더불어 고추를 양념으로 사용한 김치로 '나복함저'와 '황과담저'가 나타난다. 나복함저는 무를 기본 재료로 담그는 김치이고, 황과담저는 오이를 주재료로 하여 담그는 김치이다. 나복함저와 황과담저를 담그는 법은

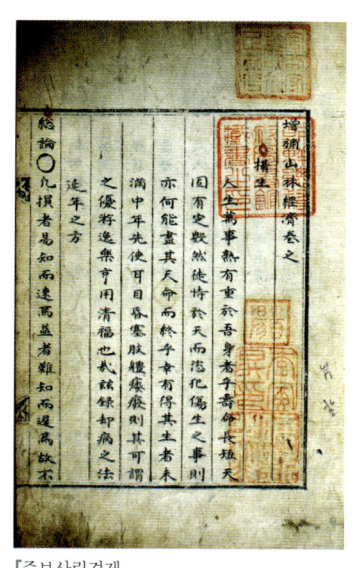

『증보산림경제』

모두 고추를 저며서 넣고 오이·호박·동아·천초·부추·미나리 등을 뿌려 항아리에 포개어 담고 소금물과 마늘즙을 넣고 봉한다고 하였다.

그러나 배추김치에는 여전히 고추를 양념으로 사용하지 않았음을 알 수 있다. 유중림이 『증보산림경제』에서 소개한 배추김치 담그는 법은 다음과 같다.

"첫 서리 후 배추를 거두어 상법으로 염저를 담근 다음 항아리에 넣어 뚜껑을 봉하고 공기가 새지 않게 땅 속에 묻는다. 다음 봄에 꺼내면 색이 새것과 같고 맛이 산뜻하다. 배추를 삼고 어육을 넣으면 맛이 좋고 마른 새우를 넣으면 더욱 좋다."

유중림은 소금물에 절이는 배추김치와 생선살을 첨가한 배추김치 등 두 가지 방법을 기록했으며, 가지나 오이에 칼집을 내어 그 속에 양념을 넣는 소박이 김치도 소개했다.

19세기 말에 젓갈과 고추를 양념으로 한 통배추김치 등장

실학자 유득공이 18세기 말에 쓴 『경도잡지』에는 끓여 식힌 새우젓국으로 무우, 배추, 마늘, 고추, 소라, 전복, 조기 등을 조화하여 섞박지 김치를 담가서 겨울을 지내면 매운맛이 난다고 하였다. 섞박지는 배추 이파리와 무를 썰어서 젓국에 버무린 김치를 말한다. 섞박지는 우리가 지금도 즐겨먹는 음식이다. 18세기 말경에는 비록 젓국과 고추를 양념으로 사용해서 통배추김치를 담갔다는 기록은 없지만, 배추와 무를 섞어서 담근 섞박지에 양념으로 들어갔다는 기록은 남아 있다.

실학자 서유구의 형수인 빙허각 이씨가 19세기 초에 쓴 『규합총서』에도 김치 양념으로 젓국과 고추가 사용되고 있다. 이씨는 좋은 조기젓국을 가득 붓고 청각, 생강, 파, 고추를 모두 한꺼번에 섞어 절구에 잘 이겨지도록 찧어서 동과섞박지를 담그는 법을 소개했다.

빙허각 이씨의 시동생인 서유구가 19세기 중엽에 쓴 『임원경제십육지』에서도 고추와 젓갈을 사용하여 김치를 담그는 방법이 나온다. 서유구는 무를 주재료로 동아, 가지, 배추, 갓, 조기, 젓갈, 전복, 소라, 낙지, 전복껍데기, 청각, 생강, 천초, 고추, 젓갈즙 등을 첨가하여 젓국지를 담그는 법을 소개했다. 서유구는 양념에 고추를 사용하는 제채법도 설명했다. 제채는 오이, 가지, 고추 등을 과채류와 간장에 절인 것을 말한다.

그러나 『임원경제십육지』에서도 배추김치는 여전히 동치미처럼 소금을 적게 쓰는 '담저법'에 머물러 있었다. 다만 앞 시대의 『증보산림경제』에 비해 가지나 오이보다는 무와 배추가 김치 재료로 더 많이 쓰이고 있었다.

19세기 말의 문헌인 『시의전서』에 비로소 젓갈과 고추 양념으로 배추통김치를 담근 기록이 나온다. 이 책에서 배추통김치는 "좋은 통배추를 절이고 고추, 총백, 마늘, 생강, 생률, 배를 채치고 조기는 저며 놓고 청각, 미나리, 파, 소라, 낙지를 채에 섞어서 담고 삼일 만에 조기젓국을 달여 물에 타서 국물을 붓는다." 하였다. 이렇게 해서 현재 우리가 즐겨 먹고 있는 배추김치가 완성된 것이다.

이후 일제 강점기 때 출판된 요리책에서 현재와 같은 배추김치 담그는 법이 널리 소개되었다. 따라서 배추통김치는 흥선대원군이 집권하던 시기에 경복궁이 중건된 때부터 일제 강점기에 전국적으로 널리 퍼지게 되었다고 할 수 있다.

　이처럼 조선 시대 사람들은 외국에서 들어온 배추와 고추를 이용하여 우리 고유의 김치를 새롭게 만들어 냈다. 이로써 문화와 전통은 항상 고정되어 있거나 변화하지 않는 것이 아니라 새롭게 만들어지고 변화한다는 사실을 알 수 있다.

세계 각국의 채소 절임

김치와 비슷한 채소 절임으로 중국의 파오차이泡菜·쟝차이醬菜·쑤안차이酸菜·옌차이粁菜, 일본의 쯔께모노漬物, 서양의 피클pickle, 독일의 자우어크라우트Sauerkraut, 인도네시아의 아차르acar, 타이의 하카도운hakadoun, 팍깟덩, 팍시얀 등이 있다.

파오차이는 우리나라의 물김치와 비슷하며 쟝차이는 배추나 오이를 장에 절인 식품이다. 채소를 식초에 절인 것은 쑤안차이, 소금에 절인 것은 옌차이라 한다. 쯔께모노는 여러 가지 채소를 소금에 절여서 발효시킨 것으로 우메보시(梅干, 매실 절임), 다꾸앙(澤庵, 단무지), 락쿄(辣韮, 백합과의 다년초), 누가쯔께(糠漬け, 쌀겨와 채소 절임) 등이 있다. 피클은 오이나 각종 과실을 식초에 절인 것이며, 자우어크라우트는 양배추를 잘게 썰어 소금에 절여서 만든다. 아차르는 고추·라임·망고 등의 채소나 과일을 식초에 절여서 만드는데, 페르시아어 '절이다'에서 유래했다. 하카도운은 채소를 소금에 절여 밀봉해 두었다가 한 달 정도 지나 유산발효가 되면 음식에 넣어 먹는 조미료이다. 팍깟덩과 팍시얀은 쌀뜨물과 소금물을 섞은 것에 채소를 절여 숙성시킨 식품이다.

김치의 역사

(1) 고대

인간은 오랜 옛날부터 채소 생산이 어려운 추운 겨울철에도 비타민과 미네랄이 풍부한 채소를 섭취하는 방법을 개발했던 것으로 추정된다. 중국에서 가장 오래된 시집으로 춘추 시대의 민요를 중심으로 하여 공자가 엮은 『시경詩經』에는 '저菹'라는 글자가 나온다. '저菹'는 오이를 소금에 절인 김치이며, 인간이 개발한 첫 번째 김치였을 것으로 추정된다.

우리의 옛 조상들도 중국 사람들과 마찬가지로 채소를 소금에 절여 먹었을 뿐만 아니라, 물고기도 소금에 절여 먹었다. 한나라 때에는 "낙랑군의 특산물로 소금에 절인 젓갈이 풍부하다."는 기록이 남아 있으며, 양나라의 기록에도 "고구려인은 장 담그기와 술 빚는 솜씨가 훌륭하다."고 했다.

(2) 삼국 시대

『삼국사기』를 보면, 신라의 신문왕이 김흠운의 작은 딸을 왕비로 삼기로 하고 보낸 예물 목록에 '해醢'가 들어 있다. '해醢'는 식초와 소금에 절인 생선이나 젓갈을 뜻한다. 이 기록을 통하여 삼국 시대를 살았던 옛 조상들은 소금이나 식초를 이용하여 젓갈이나 김치 같은 발효식품을 만드는 기술이 뛰어났음을 짐작할 수 있다.

(3) 남북국 시대

초기의 소금에 절인 장아찌 종류나 식초에 절인 김치는 통일신라와 발해의 남북국 시대에 이르러 물김치로 발전하였다. 천초, 생강, 귤피 등의 향이 강한 조미료를 사용하여 나박김치, 동치미 같은 물김치를 담은 것이다.

나박김치는 무나 야채를 얇게 썰어서 소금을 약간 뿌린 후 절여서 천초, 생강, 귤피 등의 양념을 넣고 버무려 항아리에 담았다. 그 다음에 물에 소금을 풀어 간을 맞추고 항아리에 부었다. 동치미를 담그기 위해서는 우선

무를 항아리에 담고 소금에 하룻밤 절인다. 그리고 천초, 생강, 귤피 등의 양념을 소금과 함께 끓인다. 항아리에서 무를 건진 후에 끓인 물을 식혀서 붓고 소금을 넣어 간을 맞춘다. 그 다음에 잘 익혀서 먹는다.

(4) 고려 시대

이규보는 『동국이상국집』이란 책에 오이, 가지, 순무, 파, 아욱, 박 등 여섯 가지 채소를 노래한 시를 남겼다. 그는 순무에 대해 "담금 장아찌는 여름철에 먹기 좋고, 소금에 절인 김치 겨울 내내 반찬되네"라고 노래했다. 이규보의 시를 통해서 고려 시대 사람들은 순무장아찌와 순무소금절이를 즐겨 먹었음을 알 수 있다.

고려 말기 때의 사람인 이달충이 남긴 시에서도 여뀌에 마늘을 넣어 소금절이를 만들어 먹었다는 내용이 있다.

(5) 조선 초기

고려 시대부터 조선 초기까지는 채소나 산나물을 장아찌, 물김치, 짠지 형태의 김치로 만들어 먹었다. 『세종실록』에는 신건지 종류로 추정되는 죽순김치, 미나리김치, 순무김치, 부추김치 등이 소개되어 있으며, 중종 때 간행된 『간이벽온방』에는 순무를 동치미와 나박김치로 담가서 어른과 아이가 즐겨 마신다고 했다. 또한 임진왜란 이전의 기록으로 추정되는 『사시찬요초』에는 오이김치, 더덕장아찌, 도라지장아찌, 가지장아찌 등을 담그는 것이 농가의 행사 중의 하나라고 했다.

(6) 조선 후기

조선 후기가 되어서야 오늘날 우리가 먹는 통배추김치를 현재와 같은 조리방법으로 담그기 시작했다. 임진왜란 이후 고추가 들어오고, 18세기 이후 속이 꽉 찬 결구배추 씨를 중국에서 들여와 심어 가꾸게 되었다. 18세기 말부터 고추를 각종 김치의 양념으로 사용하기 시작했으며, 고추장을 만들어 먹기 시작했다. 마침내 19세기 말에 이르러 젓갈과 고추를 양념으로 한 통배추김치가 등장하여 전국적으로 널리 퍼지게 되었다.

배추김치 담그기

배추김치 담그기

우리나라의 김치는 각 가정과 지방에 따라 종류가 다양하고 맛도 독특하다. 각 지방의 기후에 영향을 받아 고춧가루의 사용량과 젓갈의 종류가 서로 다르기 때문에 지역별로 특색 있는 김치가 전해내려 오고 있다.

서울·경기도 등 중부 지방의 김치는 새우젓·조기젓·황석어젓 등 담백한 것을 즐겨 쓰며, 짜지도 싱겁지도 않다.

함경도·평안도 등 추운 북쪽지방에서는 고춧가루를 적게 쓰는 백김치가 유명하다. 젓갈도 거의 쓰지 않는 대신 생태나 생가자미를 썰어 고춧가루로 버무려서 배추 사이사이에 넣는다.

호남 지방은 멸치젓·밴댕이젓·병어젓·갈치속젓 등을 넣은 매운 김치를 담그는데, 찹쌀풀을 넣어 국물이 진하고 감칠맛 난다.

영남 지방은 멸치액젓과 생갈치를 많이 넣어 아주 짠 김치를 담근다. 영동 지방은 젓국을 많이 쓰지 않으며, 동해바다에서 잡은 싱싱한 생태와 오징어를 넣어 김치를 버무린다.

제주도는 김장을 담글 필요가 없을 정도로 따뜻하여, 음력정월에 밭에 남아 월동한 배추로 담그는 동지김치가 유명하다.

배추김치 담그는 과정

1. 배추를 잘라 씻은 뒤 소금에 절인다.
배추에 묻어 있는 흙을 턴 다음, 겉잎을 떼고 다듬는다. 다듬은 배추는 밑동에서 반 정도까지 칼집을 넣어 손으로 4등분 또는 2등분으로 쪼갠다. 소금물에 적신 배추에 소금을 골고루 뿌린다. 김장 배추는 10~12시간, 여름 배추는 5~6시간 뒤적이며 절인다.

1. 배추를 소금에 절인다.

2. 절인 배추를 물에 씻어 건진다.

소금에 절인 배추를 물에 흔들어 씻어
건진 후, 채반에 엎어서 1~2시간 정
도 물기를 뺀다.

2. 절인 배추를 씻어 물기를 뺀다.

3. 양념과 소를 장만한다.

다진 마늘, 생강, 새우젓, 대파, 실파,
홍고추, 미나리, 갓 등을 넣고 고루 섞
어서 양념을 만든다. 무를 일정하게
채 썰어 소를 장만한다.

3. 양념과 소를 장만한다.

4. 소와 양념을 버무린다.

고춧가루에 물을 부어 불린다. 불린
고춧가루에 무채를 넣고 버무려 색이
들게 한다. 무채에 다진 마늘, 생강,
대파, 실파, 홍고추, 미나리, 갓 등을
섞어 만든 양념을 버무린다. 새우건
지, 황석어살, 황석어 국물, 굴, 소금,
설탕을 넣고 간을 한다.

4. 소와 양념을 버무린다.

5. 배추에 잘 버무린 양념소를 넣는다.

절인 배추 사이사이에 버무려 놓은 소
와 양념을 고루 넣는다. 잘 버무린 김
치를 겉잎으로 싸서 독에 담는다. 조
선 시대 사람들은 김치독을 짚에 싸서
깊이 묻어 온도의 변화를 막았다. 공
기와 접촉을 차단해서 김치의 산패를
막기 위해서였다. 이를 위해 김치독에
김치를 꾹꾹 눌러서 담은 후, 위에 우
거지를 넣어서 공기와의 접촉을 막기
도 했다.

5. 배추에 양념소를 넣는다.

사람과 동물의 병을 치료하다

조선 시대에는 병이 났을 때 어떻게 치료를 받았을까?

드라마 「대장금」에서 수랏간 궁녀로 들어간 장금이는 제주도에서 의녀 장덕이의 가르침을 받은 다음 한양에 올라와 유명한 의녀가 된다. 장금이는 중전마마와 대비마마의 병을 모두 치료했을 뿐만 아니라 왕이 오랫동안 앓던 병까지 낫게 하여 수랏간 최고 상궁과 어의御醫가 되어 '대장금'이라는 칭호까지 얻는다.

학이와 술이는 조선 시대에 병든 사람을 어떻게 그처럼 신통한 의술로 낫게 하였을까 궁금했다. 그 궁금증을 풀기 위해 학이와 술이는 타임머신을 타고 여행을 떠났다.

조선 시대로 돌아가 보니, 사람들은 의료 혜택을 고르게 누리고 살지 못하고 있었다. 병을 치료하는 의원은 궁궐과 서울에만 몰려 있었고, 지방에는 병원은커녕 의원도 없는 마을이 많았다. 그 때문에 조선 시대 사람들은 평균 수명이 20~40세 정도에 불과했다. 태어나자마자 죽거나 어렸을 때 전염병으로 죽는 경우가 많았기 때문인 듯했다.

최고의 의술을 가진 의원이 궁궐에 있다는 소문을 듣고 학이와 술이는 궁궐로 향했다. 궁궐에는 내의원이 있었는데, 내의원에 근무하는 의원들을 어의御醫라 불렀다. 어의 중에서 지위가 가장 높은 사람을 태의太醫라고 하는데 조선 시대 의원 중에서 가장 유명한 허준도 태의의 한 사람이었다. 내의원에 근무하는 의원들은 왕과 왕비, 왕자, 공주 등의 질병을 치료했다.

학이는 내의원에 들어가서 물어보았다.

"벼슬아치나 일반 서민이 아플 때도 이곳에서 치료를 받을 수 있나요?"

내의원에 근무하는 사람이 대답하였다.

"내의원은 임금님과 왕실 가족들의 질병을 치료하는 곳이랍니다. 높은 벼슬아치가 아플 때 치료해 주는 곳으로는 전의감이 있지요. 일반 서민은 혜민서에서 치료를 받습니다."

다시 술이가 물었다.

"병이 나면 아픈 사람이 병원으로 찾아가나요?"

의원은 다음과 같이 술이에게 설명해 주었다.

"아픈 사람이 병원으로 찾아가는 것이 아니라, 의원이 환자의 집으로 찾아가서 진찰을 하지요. 의원이 진맥과 진찰을 한 다음에 처방을 내리면, 환자의 가족들은 그 처방을 가지고 약방에 가서 약을 사다가 달여 먹입니다. 하지만 처방이 있어도 약을 구하지 못하는 경우도 많답니다. 중국에서 수입하는 약재의 값이 엄청나게 비싸기 때문이지요."

그는 이어서 솔직하게 얘기했다.

"의원이 질병의 원인이 무엇인지 알 수 없는 경우가 대부분이기 때문에 약을 먹어도 효과가 없는 경우가 더 많습니다. 그리고 침과 뜸으로 치료를 하기도 하지요."

학이와 술이는 병이 나면 역신에게 제사를 지내거나 무당을 데려다 굿을 한다는 소문을 들었다. 몹쓸 병에 걸리는 것은 하늘의 재앙이라고 생각하기 때문에 이런 미신을 행하는 것이라고 했다.

마을 사람들은 가족이 병에 걸리면 절에 가서 기도를 하기도 했다. 또한 각 고을마다 전염병 귀신에게 제사를 지내는 여제단을 산에다 설치해 두었다.

우리나라만 의학 수준이 낮아서 이러한 현상이 나타난 것이 아니라 중국이나 일본도 비슷했다고 한다. 당시에는 유럽의 의료 기술도 크게 차이가 없어서 환자의 병을 치료해 달라고 신에게 기도를 하는 경우가 많았다.

학이와 술이는 타임머신 여행을 다녀온 후, '우리가 옛날보다 더 나은 의학의 혜택을 보고 살 수 있게 된 것은 역사 속에서 많은 사람이 과학의 발전을 위해 노력한 덕분이다.'는 생각을 했다.

학이와 술이는 선생님께 자신들의 이러한 느낌을 털어놓았다.

"그래, 학이와 술이가 타임머신 여행에서 많은 것을 배우고 돌아왔구나. 인간과 동물은 원시 시대부터 여러 질병에 시달리며 살아왔지. 그래서 인간은 질병을 치료하기 위해 여러 가지 의술을 사용했단다. 원시 시대에는 의사와 주술사를 구별하기 힘들었지. 처음에는 마귀나 귀신 때문에 병이 생긴다고 생각한 거야. 그래서 주술사가 기도, 주문, 춤, 가면 등을 이용해서 마귀와 귀신을 몰아내려고 했지. 말하자면 원시 시대에는 주술사가 의사의 역할을 했던 거지. 그러다가 나무의 뿌리·잎·껍질·열매와 씨, 개구리·뱀 같은 동식물을 먹어 본 경험을 살려 차츰 차츰 병에 대한 처방을 하는 의사가 나타났단다."

선생님은 옛날 중국과 우리나라의 의사들은 인간의 몸은 음양오행설을 따르는 작은 우주라고 생각했다고 설명해 주셨다.

"옛 사람들은 음과 양의 조화가 깨지면 병이 생기기 때문에 음과 양이 너무 많거나 부족한 것을 적절하게 유지해 주는 것이 필요하다고 생각했단다. 오행이란 나무(목)·불(화)·흙(토)·쇠(금)·물(수)을 가리키며, 이 다섯 가지는 생겨나고 사라지기도 하며 끊임없이 순환한다고 하였지. 오행을 인간의 몸에 적용하면 간은 나무(목), 비장은 흙(토), 심장은 불(화), 폐는 쇠(금), 콩팥은 물(수)에 해당해. 이들 오행과 다섯 가지 장기에는 서로 도움을 주는 상생관계와 서로 해를 끼치는 상극관계가 있다고 여겼어. 조선 시대 의사들은 이러한 생각의 틀 속에서 맥을 짚어 진맥을 하고, 침을 놓고, 뜸을 뜨고, 탕약이나 환약을 썼단다."

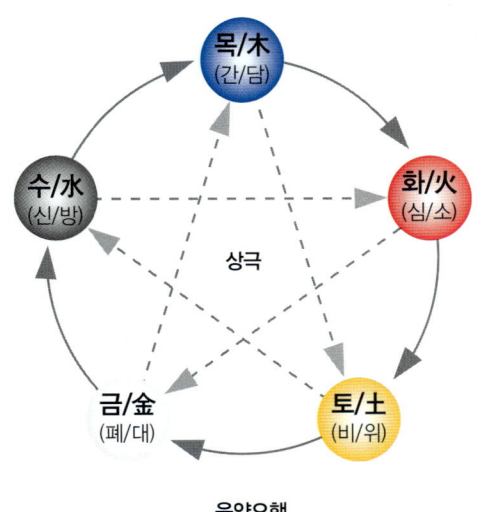

음양오행

선생님은 덧붙여 말씀하셨다.

"조선 시대보다 의학과 과학이 발달한 현대의 관점에서 볼 때는 이런 치료법이 전혀 터무니 없거나 비과학적인 내용도 있지만 현대의 관점에서 보아도 과학적이고 합리적이라고 평가받을 수 있는 치료법이 많이 있다는 사실을 잊어서는 안 돼."

학이와 술이는 조선 시대에는 어떤 의학책이 있었고, 어떤 기구를 사용하여 약을 만들었는지 알아보기로 하였다.

조선 시대의 의학책

『향약집성방』 | 쉽게 구할 수 있는 우리나라 약재 책

세종 임금은 유효통, 노중례, 박윤덕을 비롯한 신하들에게 "조선

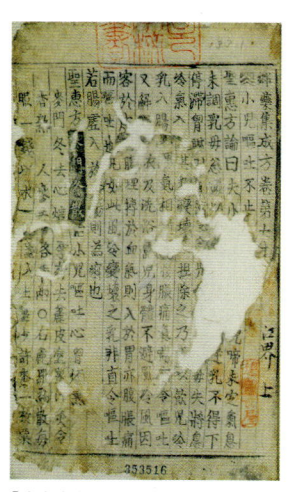

『향약집성방』

의 약재를 위주로 한 의학서적을 편찬하라."는 분부를 했다. 당시 중국의 비싼 약재는 '당약' 또는 '당재'라 하고, 우리나라에서 쉽게 구할 수 있는 국산 약재는 '향약'이라 하였다. 세종의 명을 받은 신하들은 1433년(세종 15) 가을에 『향약집성방』이라는 의학책을 펴냈다. '집성방'이란 의학 처방 모음이라는 뜻이다. 이 책은 제생원에서 만든

『향약제생집성방』에다 새로운 처방과 증상을 추가한 것이다.

조선의 약재를 위주로 편찬한 『향약집성방』에는 몇 가지 특징이 있다.

첫째, 질병별로 의학이론, 처방, 침 놓는 법과 뜸 뜨는 법을 설명하여 실제로 치료에 활용하기 쉽도록 하였다.

둘째, 우리나라에서 쉽게 구할 수 있는 약재를 위주로 한 처방을 많이 기록하였다.

셋째, 중국의 금나라와 원나라의 유명한 의학책들을 많이 참고하였지만 그대로 인용하지 않고, 우리나라의 실정을 고려해서 세 가지 이하의 약재로 처방한 것을 위주로 인용하였다. 물론 『태평성혜방』, 『성제총록』 등 중국의 의학책 100여 종을 참고하였다.

넷째, 침 놓는 법과 뜸 뜨는 법 중에서 어려운 계산을 해야 하는 부분은 삭제하는 등 간편한 치료법을 중심으로 정리하였다.

『향약집성방』에는 "버드나무 껍질을 벗겨 손가락 굵기로 말아서 입에 물고 씹으면 즙액이 나와 아픈 이를 적시게 되는데 몇 번만 하면 쉽게 치통이 가라앉는다."는 놀라운 기록도 있다. 버드나무 껍질에는 현대의학에서 진통제로 널리 사용하는 '아스피린' 성분이 들어 있다. 서양 사람들과 마찬가지로 우리 조상들도 경험을 통해 버드나무 껍질에 이의 통증을 가라앉히는 진통제 성분이 있다는 사실을 알아내었던 것이다. 아스피린의 성분을 분석해서 의약품으로 제조한 것은 1853년 독일에서였다.

　한편『향약집성방』에는 '신선이 되는 방법'과 같은 미신이나
주술적인 처방도 곁들여 있다. 이것은 조선 시대 사람들이 과학
을 인식하는 한계를 보여 주는 예라 할 수 있다. 그러나 당시 서
양에서도 수은으로 금을 만들 수 있다는 '연금술'이 유행하던
때이므로 조선의 의학이 서양의학보다 더 미신적이거나 주술적
이었다고 볼 수는 없다. 이런 주술적인 방법을 통한 시행착오를
겪은 다음에 과학적인 현대화학이 태어난 것이다.

『의방유취』 | 중국과 조선의 의학책을 모은 의학백과사전

세종은『향약집성방』이 완성되자 전순의, 최윤, 김유지 등에게
명을 내렸다.

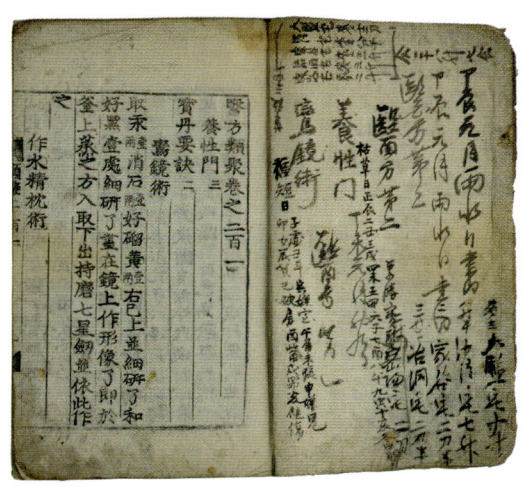

『의방유취』

"중국과 조선의 모든 의학책을 모아서 정리하여 의학백과사전을 편찬하라."

이러한 세종의 뜻에 따라 1445년(세종 27) 『의방유취』가 완성되었다. '의방'이라는 말은 의술이라는 말이며, '유취'는 종류별로 모은다는 뜻이다.

『의방유취』는 중국 한나라에서부터 당나라, 송나라, 원나라에 이르는 중요한 의학책 153종과 명나라 초기의 의학책들을 인용하여 365권으로 엮은 방대한 의학백과사전이다. 그 후 중복되는 내용을 대폭 줄이고 새로운 내용을 첨가하여 총론 3권과 각론 263권으로 출간하였다.

총론에는 환자를 진찰하는 방법, 처방을 쓰는 방법, 약을 먹이는 방법, 질병을 치료하는 원칙, 의사가 지녀야 할 품성, 약재의 효능 및 가공 방법 등을 기록하였다. 각론에서는 간, 심장, 비장, 폐, 콩팥과 같은 오장을 비롯하여 내과, 외과, 급성 전염병, 안과, 이비인후과, 구강과, 피부과, 부인과, 소아과 질병 등을 크게 91개로 분류하였다.

이 책들에서는 질병을 기록할 때 우선 병의 원인·증상·치료 원칙 등을 엮은 의학 이론을 밝히고, 치료 방법에 맞는 처방과 단방 약물, 침과 뜸 치료법, 식사 요법, 안마, 신체 단련법 등을 기록하였다.

『의방유취』의 원본은 임진왜란 때 가토 기요마사가 빼앗아 간 것이 일본 궁내성 도서관에 유일하게 남아 있는데, 1876년 강화도조약 때 일본 사신이 『의방유취』 두 질을 고종에게 예물로 바치기도 했다.

허준은 『동의보감』을 편찬할 때 『의방유취』를 적절히 활용하였으며, 많은 부분에서 이 책을 인용하였다.

『동의보감』 | 허준이 중국과 조선의 의학책을 집대성한 책

선조는 1596년(선조 29) 정작, 양예수, 허준, 김응탁, 이명원, 정예남 등 여섯 명에게 새로운 의학책을 편찬할 것을 분부하였다.

"요즘 중국의 의학책을 보니 모두 자잘한 것만 모은 것에 불과하다. 온갖 처방을 모아서 하나의 책을 만들라."

선조는 새 의학책이 갖춰야 할 조건으로 다음 내용을 들었다.

첫째, 사람의 질병은 음식과 운동을 적당히 조절하지 못해서 생기므로 수양을 우선하고 약물 치료를 다음으로 할 것.

둘째, 처방이 너무 많고 복잡하므로 간단하게 요점만을 추릴 것.

셋째, 외따로 떨어져 있는 마을에서나 일반 백성이 의원과 약이 없어 일찍 죽는 사람이 많은데 나라 안에서 구할 수 있는 향약을 잘 몰라 약을 쓰지 못므로 우리나라 약 이름을 적어 백성들이 쉽게

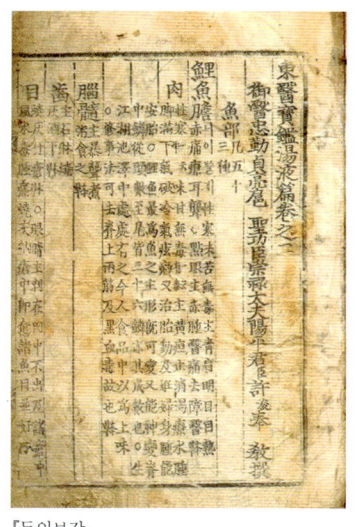

『동의보감』

알 수 있도록 할 것.

그런데 1507년 정유재란이 일어나서 새로운 의학책 편찬 작업이 중단되고 말았다. 그 후 선조는 궁중에서 소중히 간직해 오던 의학책 500여 권을 빌려주며 새로운 의학책을 계속 만들 것을 지시하였다.

1601년(선조 34) 선조는 허준을 불러 명을 내렸다.

"난리 통에 없어진 백성들의 구급용 의서를 마련하라."

이에 따라 허준은 『언해태산집요』, 『언해두창집요』, 『언해구급방』을 간행하였다. 『언해태산집요』는 임신과 출산에 관한 증세와 약방문을 적은 의학책을 한글로 번역한 것이며, 『언해두창집요』는 천연두에 관한 의학책을 한글로 번역한 것이다. 『언해구급방』은 위급한 환자를 구하는 약방문을 한글로 번역한 책이다.

천연두를 앓고 나면 얼굴에 곰보자국이 남았는데, 당시는 천연두가 생기는 원인이 천연두 바이러스 때문이라는 사실을 알지 못했다. 신대륙 멕시코에는 서양 사람이 전염시킨 천연두로 10~90%에 이르는 사람들이 죽어 아즈텍 문명이 몰락하기도 했다. 1796년 영국의 외과의사 제너가 우두접종에 성공함으로써 예방접종을 통해 천연두를 예방하는 길이 열렸다.

백성들을 위한 구급용 의학책을 펴낸 이후 허준은 『동의보감』을 간행하려 했으나, 1608년 선조가 승하한 뒤 의주로 귀양을 떠나야 했다. 이후 광해군은 허준을 귀양살이에서 풀어주고 다시 복직시켜 왕의 건강을 돌보게 하였다. 허준은 1610년(광해군 2)

『동의보감』을 완성하고, 1613년(광해군 5)에 활자로 인쇄 간행하였다. 그 뒤 허준은 『신찬벽온방』과 『벽역신방』 등 전염병에 관한 책을 쓰기도 했다.

『동의보감』은 모두 25권으로 이루어졌다. 이 책은 크게 「내경」, 「외형」, 「잡병」, 「탕액」, 「침구」 편의 다섯 가지 기준으로 의학을

허준

『동의보감』을 편찬한 허준(1539~1615)은 서얼 출신이다. 서얼이란 양반의 자손이긴 해도 적자가 아닌 첩의 자식을 가리키는 말이다. 조선 시대에는 서얼 출신에게는 과거시험에 응시할 자격조차 주지 않거나, 관직에 등용되더라도 승진이 제한되어 있었다.

이러한 제한 때문에 허준은 실력을 인정받기 위해 의과시험에 응시하였다. 내의원 의원이 된 후, 임금님의 건강을 돌보는 어의 양예수(?~1597)에게서 높은 수준의 의학을 배웠다.

1590년 선조의 왕자였던 광해군의 마마를 치료하고 의술을 인정받아 파격적으로 당상관 직에 올랐다. 임진왜란이 일어나자 피난길에 나선 선조를 따라 의주까지 따라가서 왕의 건강을 보살폈으며, 그 공로로 호성공신이 되었다. 이후 선조가 자신의 병을 치료한 공로로 정1품 보국숭록대부 직을 내리려고 했으나, 사간원 관리들의 반대로 이루어지지 못했다.

1610년 『동의보감』을 완성한 후, 1615년 세상을 떠나자 당시 임금이었던 광해군은 정1품 보국숭록대부의 직을 내렸다. 이로써 허준은 조선 시대 중인의 신분에 불과했던 의사 중에서 제일 높은 지위에 오르게 되었다.

분류했다. 허준은 도교의 양생사상에 영향을 받아 질병의 원인이 사람 몸 안에 있다는 생각을 가지고 있었다. 그래서 「내경」편을 맨 처음에 두고 여러 가지 수양방법을 담았으며, 「외형」편을 그 다음에 배치해 몸 바깥 모양을 살펴 질병을 파악하게 하였다. 수양방법과 관련이 없는 여러 질병을 묶어 「잡병」편이라 하여 중간에 두었으며, 질병의 치료와 관련된 탕약이나 침, 그리고 뜸에 관한 내용은 맨 마지막에 두었다. 그리고 각각의 항목마다 한 사람에게 나타날 수 있는 여러 질병과 이에 따른 증상과 진단방법, 각 증상에 대한 처방, 침과 뜸, 양생법 등 치료법을 정리했다.

『동의보감』의 역사적 의의

『동의보감』에는 중복된 내용과 빠진 부분이 있고, 현대과학으로 볼 때 터무니없는 내용도 포함되어 있기는 하나 당시까지 중국, 조선, 일본에서 발달시킨 의학의 전체적인 내용을 체계적으로 정리한 뛰어난 의학책이었다.

『동의보감』은 내용 중에서 90% 이상을 중국의 의학책에서 인용하고 있지만, 단순히 이미 있던 의학책을 인용만 한 것은 아니다. 허준은 뛰어난 능력을 발휘하여 이 의학책들에서 필요한 부분만을 골라 뽑아서 의학백과사전을 편찬하였다. 허준에게는 모래 속에서 보석을 골라내는 남다른 능력이 있었던 것이다. 그렇기 때문에 『동의보감』은 중국에서 30쇄가 넘게 인쇄되었고, 일본뿐만 아니라 베트남에서도 계속 출판되고 있다.

또한 『동의보감』에는 2,000여 가지 질병의 증상, 1,400여 종의 약재, 4,000여 가지의 처방, 수백 가지의 양생법과 침구법이 정리되어 있다. 허준은 중국산 약재보다는 손쉽게 구할 수 있는 우리나라의 약재를 소개하려고 노력했다. 「탕액」편에 소개된 전체 1,403종의 약재 중에서 중국산 약재는 102종에 불과하다. 『동의보감』 본문에 소개한 885종의 약재 중에서 637종의 약 이름을 한글로 표기하였다. 한글 표기 중에는 사투리를 함께 적어 둔 것도 있을 정도로 이 책을 쉽게 사용할 수 있도록 배려했다. 중국의 의학을 우리 것으로 만들기 위해 노력한 허준의 이러한 노력은 오늘날 우리가 본받아야 할 것이다.

『동의보감』에는 임신 중 남자를 여자로 바꾸는 비과학적 방법도 있다

『동의보감』에 나왔기 때문에 무조건 과학적이고 몸에 좋은 것이라고 할 수 있을까?

예를 들면, 허준은 임신 3개월 전에 남자를 여자로 바꾸는 방법이 있다고 믿었다. 그는 『언해태산집요』와 『동의보감』에서 "임신 3개월째가 되면 혈맥이 흐르지 않고, 아기의 형상이 비로소 만들어진다. 남녀가 아직 정해지지 않은 때이므로 약을 먹거나 해서 여자를 남자로 바꿀 수 있다."고 기록했다.

이러한 비과학적인 방법은 남아선호사상의 영향에서 나온 것이다. 이 방법은 중국의 의학책에 나와 있는 남자를 여자로 바꾸는 방법을 정반대로 응용한 것이다.

그러나 현대의학의 연구 결과 태아의 성별은 임신 초기에 유전적으로 정해지는 것으로 밝혀졌다. 남자와 여자를 결정하는 유전자는 X염색체와 Y염색체로 XX는 여자가 되고, XY는 남자가 된다. 태아는 정자와 난자가 만나 만들어진 수정란이 자란 것이다. 유전자가 결정되어 남자와 여자의 성별이 결정된 이후에는 어떠한 약이나 방술에 의해서도 유전자를 바꿀 수 없다.

허준이 살던 시대에는 우리나라뿐만 아니라 세계 어느 나라에서도 남자와 여자의 성별이 결정되는 과학적 내용을 알지 못하였다. 그렇기 때문에 『동의보감』에 이런 엉터리 처방이 들어가게 된 것이다. 그러므로 『동의보감』에 나왔다고 해서 무조건 과학적이라거나 건강에 좋다고 믿는 것은 옳지 않다.

『동의수세보원』 | 이제마가 인간의 체질을 4가지로 설명한 책

1894년 이제마는 『동의수세보원』이라는 의학책을 써서 인간의 체질을 4가지로 나눈 새로운 의학이론을 주장했다. 이제마는 인간이 태어나면서부터 오장육부가 부족하거나 넘칠 수 있으며, 이에 따라 기쁨·노여움·슬픔·즐거움 등의 감정이 작용하여 여러 생리현상을 만들어 낸다고 주장했다. 그래서

『동의수세보원』

각자의 체질에 알맞은 음식과 양생법이 중요하다고 했다.

이제마가 말하는 사상체질은 태양인·소양인·태음인·소음인을 말한다. 사람은 이 네 가지 체질에 따라 간·심장·비장·폐·콩팥의 오장과 쓸개·작은창자·위·큰창자·삼초·방광의 육부 크기와 허실이 다르다는 것이다. 폐가 크고 간이 작은 사람은 태양인, 간이 크고 폐가 작은 사람은 태음인, 비장이 크고 신장이 작은 사람은 소양인, 비장이 작은 사람은 소음인으로 분류한다. 한의학계에서는 이러한 주장이 인간의 건강과 질병 상태를 각 개인에 맞게 규정한 우수한 측면을 갖고 있다는 평가를 받고 있다.

그러나 실제로는 정확한 체질을 알 수 있는 방법이 확실하지 않아서 의사의 주관에 따라 체질을 판단하기 때문에 실제 치료에 적용하는 것이 어렵다는 비판을 받고 있다. 사람을 네 가지

삼초

삼초는 중국의학과 한의학에만 나오는 독특한 개념이다. 오장육부 중 육부의 하나로서 상초·중초·하초로 구분한다. 주로 신체의 부위에 따라 구분하는데 횡격막을 기준으로 윗부분을 상초, 횡격막에서 배꼽까지를 중초, 배꼽 이하를 하초라 한다.

한의학에서 삼초는 여러 가지의 기와 혈이 중심적으로 작용하는 곳으로 이들 기혈작용에 의해 내장의 고유기능이 종합적으로 통제되는 곳이며, 원기와 내분비물이 운송되는 길이라고 주장한다.

그러나 해부학적으로 위치와 기능이 명확하지 않아 한의학자들 사이에서도 논란의 대상이 되며, 많은 서양의학자도 비과학적 개념이라고 비판한다.

체질로만 분류하면 너무 단순하고 서로 중복되는 측면도 있다. 사상체질은 사회 환경이 건강과 질병에 미치는 영향을 반영하지 못하는 단점도 있다. 그렇기 때문에 서양의학자들은 사상의학을 의학이론이 아니라 철학이론에 불과하다고 비판을 한다.

이제마의 사상의학은 자신이 평생 공부해 온 유학의 틀 속에서 인간의 체질과 질병을 연관시켜 새로운 이론을 만들려고 했다는 데에 큰 의의가 있다.

조선에는 '신경'과 '맹장'이라는 의학 용어가 없었다

드라마에서는 허준이 스승의 유언에 따라 정말로 사람의 시체를 해부한 것으로 나온다. 이것은 만들어 낸 이야기이다. 『동의보감』에 실린 해부도라고 할 수 있는 '신형장부도'는 현대의학이 밝혀 낸 과학적 내용과는 거리가 멀다. 예를 들면, 허준은 "아주 지혜로운 사람은 심장에 구멍이 7개 있고 털이 3개 있으며, 중간 정도 지혜로운 사람은 심장에 구멍이 5개 있고 털이 2개 있다. 지혜가 얕은 사람은 심장에 구멍이 3개 있고 털이 하나 있다. 보통 사람은 심장에 구멍이 2개 있고, 털이 없으며, 어리석은 사람은 심장에 구멍이 하나만 있다. 몹시 어리석은 사람은 심장에 아주 작은 구멍이 하나 있을 뿐이다." 하고 설명했다.

심장을 이렇게 설명하는 것은 사람을 직접 해부해본 경험이 없기 때문이다. 심장은 좌심방과 우심방이라는 2개의 심방과 좌심실과 우심실이라는 2개의 심실로 구성된다. 심방 사이에는 심방

중격이 있고, 심실 사이에는 심실중격이라는 벽이 있다. 혈액은 심장 내에서 심실 입구에서 출구 쪽으로 흐르는데, 반대 방향으로 역류하는 것을 막아주는 4개의 판막이 있다.

『동의보감』에는 '신경'이나 '맹장'도 없다. 신경은 우리 몸과 주위에서 일어나는 여러 변화를 느끼고 종합하여 적절한 반응을 일으키도록 하는 기관이다. 서양의학에서는 그리스와 로마 시대부터 신경이라는 해부학 용어가 사용되었으나, 우리나라에서는 신경이라는 용어가 없었다. 1774년 일본에서 서양의 해부학 책을 번역하면서 신경이라는 말을 처음으로 사용하게 되었다.

우리나라에서는 신경과 비슷한 말로 '경맥, 경락, 기'와 같은 말이 사용되었지만 해부학적으로 구체적인 실체를 가진 것은 아니었다. 신경이라는 말이 우리나라에서 쓰이기 시작한 것은 1876년 강화도조약 이후 개항이 되어 일본 의사들이 조선으로 들어온 이후라고 할 수 있다. 따라서 우리가 "사소한 일에 신경

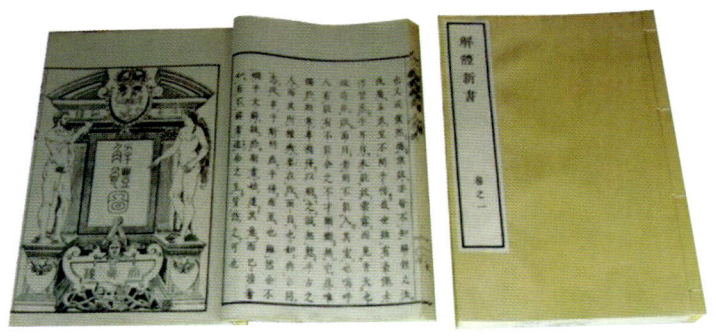

『해체신서』. 일본 책으로 신경이라는 서양의 해부학 용어를 처음으로 번역, 사용하였다.

을 쓰네.", "괜한 일로 신경질을 부리네." 하는 표현을 하기 시작한 것은 130년 정도밖에 되지 않는다.

맹장은 작은창자에서 큰창자로 넘어가는 부분에 있는 주머니 모양의 창자이다. 막창자라고도 한다. 맹장에는 꼬리처럼 달린 충수가 있는데 여기에 염증이 생기면 아주 심한 고통을 느끼고 적절한 치료나 수술을 하지 않으면 목숨이 위험할 수도 있다.

해부학이 발달한 서양에서는 아주 오래전부터 맹장과 충수를 알고 있었으나, 중국이나 우리나라의 의학책에는 이러한 용어가 등장하지 않는다. 서양에서도 1880년대에 이르러서야 급성충수돌기염을 치료하기 위해 수술을 시작했다. 따라서 맹장이라는 말도 1876년 강화도조약 이후 개항이 되어 일본 의사들이 조선에 들어오고부터 사용되기 시작했다.

조선 시대에 동물의 질병은 어떻게 치료했을까?

「춘향전」에서 이몽룡은 마패를 보이며 역졸들에게 "암행어사 출두요!"를 외치게 했다. 조선 시대 암행어사가 사용하던 마패는 말을 빌릴 수 있는 표시였다. 관리들이 출장을 떠날 때 마패에 그려진 말의 숫자에 따라 30리마다 말을 갈아 탈 수 있는 역이 있었다. 그렇다면 말이 아플 때는 누가 치료를 했을까?

동물을 좋아하는 학이와 술이는 동물병원에 가서 수의사에게 몇 가지 궁금한 것을 질문했다.

"조선 시대에 사람들은 동물의 질병을 어떻게 치료했나요?"

수의사가 대답했다.

"지금처럼 개와 고양이를 치료하는 동물병원은 없었어. 하지만 말이나 소 또는 매의 병을 치료하던 수의사는 있었단다."

술이가 다시 물었다.

"그럼 말을 누가 어떻게 치료했는지 가르쳐 주세요."

"조선 시대에는 병조 밑에 사복시를 두어 목장을 관리하고 말과 소의 질병을 치료하도록 했어. 말을 치료하는 사람도 벼슬을 했는데, 정6품의 이마와 정7품의 마의 등이 있었지. 마의는 침과 뜸, 탕약을 이용해서 말의 질병을 치료했단다."

"동물들을 치료하는 법을 조선 시대에도 책으로 남기기도 했나요?"

"그럼. 조선을 건국한 태조 임금은 권중화, 조준, 방사량 등에게 '말과 소의 질병을 치료하는 책을 펴내라'는 명령을 내렸지. 그래서 이들은 중국의 수의학책들에 적혀 있는 효력 있는 방문들을 모으고, 우리나라 사람들이 시험했던 의술을 모아서 『신편집성마의방』과 『신편집성우의방』을 펴냈지. 『신편집성마의방』은 '새로 엮은 말의 치료법'이라는 뜻이고, 『신편집성우의방』은 '새로 엮은 소의 치료법'이라는 뜻이야. 태조 임금은 조선이라는 나라를 새롭게 세운 것을 기념하여 당시 우리나라 전통의 향약을 정리하는 『향약제생집성방』을 엮게 하였으며, 그 책의 부록으로

『신편집성마의방』과 『신편집성우의방』을 펴내도록 했단다."

"태조 임금님은 어떤 마음을 가지고 이런 일을 했을까요?"

"아마 태조는 이러한 의학과 수의학 책을 펴냄으로써 오래도록 번영할 국가의 기초를 세우려는 마음을 가지고 있었을 거야."

학이와 술이는 사람이 아플 때처럼 동물들도 병이 날 경우 주술에 의존하기도 했는지 궁금했다.

수의사는 이 질문에 다음과 같이 얘기해 주었다.

"서울과 지방에 마조단, 선목단, 마보단 같은 제사를 지낼 수 있는 곳을 만들어 말의 전염병을 예방하게 해달라고 제사를 지내거나 굿을 했지. 당시 사람들은 사람이나 동물이 몹쓸 병에 걸리는 것은 모두 하늘이 벌을 주는 거라고 생각했거든."

학이와 술이는 집으로 돌아와서 조선 시대에는 어떤 수의학 책이 있었고, 어떤 기구를 이용하여 동물을 치료했는지 알아보기로 했다.

『신편집성마의방』 | 말의 질병치료법을 기록한 책

『신편집성마의방』에는 좋은 말을 고르는 법, 말의 건강을 유지하고 기르는 법, 말이 병에 걸리는 까닭, 말이 병들었을 때 징후와 그에 대한 처방, 말의 경락과 침 치료 등을 총론에 담고 있다. 그리고 말의 질병을 16개 증상으로 나누고 각각의 처방을 제시했다.

중국의학과 한의학의 영향을 받아 말의 폐, 심장, 간, 비장,

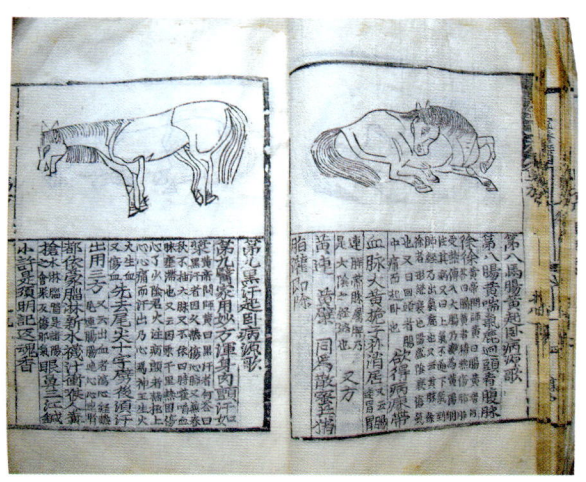

『신편집성마의방』

콩팥의 오장을 중심으로 다루었다. 경험을 통해 말의 나이를 이빨의 수와 모양을 통해 알아내는 방법을 적었다. 혈기가 지나친 말은 피를 뽑는 방혈법을 이용하여 건강을 관리하고 눈동자에 생긴 병에 대해서 적고, 열병과 전염병, 코에 생긴 병, 부스럼 병, 인후가 부어 오른 병 등에 대해서도 기록하였다. 종기를 터뜨리는 방법, 발굽에 생긴 병, 옴병, 온갖 잡병 등에 대한 처방도 기록하였다.

말이 병에 걸리는 증상을 36가지 그림으로 그려서 설명했으며, 말을 진맥하는 방법도 설명하였다. 여러 혈에 침을 놓는 방법도 설명했는데, 불에 달군 침을 사용했다. 외과수술용 침을 사용하기도 했으며, 침이나 뜸을 해서는 좋지 않은 날을 정해놓고 그날을 피하기도 했다. 음양오행설에 따라 서로 좋은 날과 좋지 않은 날이 있다는 관념이 말의 치료에서도 적용된 것이다.

임진왜란 이후인 1634년(인조 12)에는 중국에서 『마경대전』을 수입하여 책으로 펴냈으며, 얼마 후 이 책을 간추려서 한글로 번역한 『마경초집언해』를 엮었다. 이에 따라 조선 후기에는 『신편집성마의방』보다는 주로 『마경대전』이 많이 쓰이게 되었다. 『마경대전』은 전문직이라고 할 수 있는 말의 의사(마의)들의 수의학 교과서였고, 『마경초집언해』는 말을 관리하는 사람들을 대상으로 하는 한글 수의학책이었다.

『신편집성우의방』 | 소의 질병 치료법을 기록한 책

『신편집성우의방』은 좋은 소를 알아보는 법, 외양간 짓기에 좋은 곳, 소를 키우는 데 지켜야 할 금기사항, 소의 겉모양과 털색

『신편집성우의방』

으로 좋은 소를 알아보는 법을 총론에 담았다. 그리고 소의 전염병, 눈에 생기는 병, 코에 생기는 병, 입과 혀에 생기는 병, 심장에 생기는 병, 폐에 생기는 병, 기침하는 병, 똥과 오줌에 피가 섞여 나오는 병, 몸이 여위는 병, 옴병, 새끼를 낳을 때 생기는 병, 발굽에 생긴 병 등 여러 잡병을 17개로 나누어 각각의 증상과 처방을 실었다.

소를 치료하는 의학은 말을 치료하는 의학보다 치료법이 덜 발달했기 때문에 『신편집성우의방』의 분량은 『신편집성마의방』에 비해 내용이 1/3 정도밖에 되지 않았다.

『응골방』| 매의 건강 관리와 질병 치료법을 적은 처방집

우리나라에 전하는 동물을 치료하는 책 중에서 가장 오래된 책은 『응골방』이다. 응골방은 매의 사육과 건강 관리, 그리고 질병 치

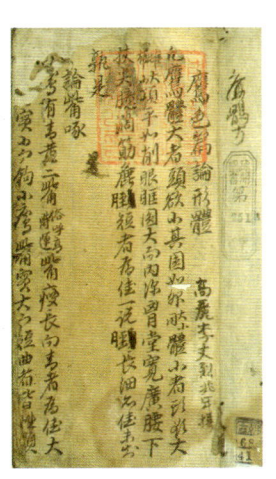

『응골방』

료법에 대해서 적은 처방집이라는 뜻이다. 이 책은 고려 때 이조년(1266~1343)이 편찬한 것이라고 전해진다.

'여윈 매를 살찌게 하는 방법'에는 "매가 병이 났을 때 손을 놓고 죽음을 기다리면서 구해내지 못한다면 안타까운 일이다. 매가 마시고 쪼는 형세와 살찌고 여위는 징후를 관찰하여 병이 생기는 원인을 찾고, 본초학을 인용하여

그 약의 성분을 분석하여 매를 치료해야 한다."고 밝히고 있다.

『응골방』에는 매의 체형·부리·발·깃 등을 설명하고, 먹이와 기르며 길들이기, 코를 벌렁거리는 징후, 여윈 매를 살찌게 하는 방법, 약을 짓는 방법, 매를 읊은 시 등의 내용이 들어 있다. 이 책을 통해 고려 시대에도 조류의 질병을 치료했던 사실을 알 수 있다.

한약
도구

약작두

약재를 알맞은 크기로
써는 기구. 약재를 자르
고자 하는 크기로 작두의
날에 대고 썬다.

약절구

약재를 가루로 만들거나 큰 약재를 알맞은 크기
로 쪼개는 기구. 약재를 절구통에 넣고 돌로 만든
절구로 부순다.

약맷돌

약재를 가루로 만들거나 즙을 낼 때
사용하는 기구. 약재를 맷돌 위 홈에
다 넣고 손잡이를 돌려서 나온 즙이
나 가루를 채취한다.

약연

약재를 갈거나 즙을 내는 기구. 길다랗게 생긴 중간 홈에 약재를
넣고 축을 끼운 주판알 모양의 연알을 앞뒤로 굴려서 사용한다.

백자막자

덩어리 약을 갈아서 가루
로 만드는 데 쓰이는 작은 사
기 방망이와 그릇

약장

각각의 약재를 분류하여 보관하는 기구.
구획을 나누어 약재의 이름을 앞면에 적
은 다음 약재를 보관한다.

약저울

처방에 들어가는 약재의 정확한
양을 재는 기구. 한 쪽에 약재를
올리고 다른 한 쪽에 추를 올려
서 수평을 만들어 약재의 무게
를 잰다.

약탕기

약을 달일 때 처방을 한 약재와
일정량의 물을 담아서 가열하는
기구

약틀

약탕기에서 약을 끓인 후 약재와 같이 천으로 싸고 짜기를 수월하게 하는 기구. 지렛대의 원리를 이용하여 눌러 짜기 때문에 힘도 적게 들고 양도 많이 나오므로 큰 한약방이나 식구가 많은 사대부집에서 사용하였다.

약숟가락

끓인 약을 저어서 잘 섞이게 하거나 복용할 때 편리하게 하기 위한 숟가락

약사발

탕액을 담는 데 사용하는 사발

청동초두

약을 끓이거나 데우는 데 쓰는 기구. 다리가 없고 긴 손잡이가 달렸다. 끓인 약물을 담아서 먹기 좋은 온도로 가열하는 데 쓰인다.

환약제조기

약재를 복용하기 편하게 환약으로 만
드는 기구. 약재를 분말로 만든 다음
꿀이나 그 밖의 액체를 반죽하고 환
약제조기에 넣어 조그맣고 동그란
환약으로 만든다.

쑥뜸용기

쑥뜸을 하기 위해 불을 지피는 데 사용하
는 기구

가축용

가축용 침

가축을 치료하기 위해 사용하는 침

가축용 침통

가축에 사용하는 침을 쉽게 보관할
수 있게 한 통

| 도량형 |

길이와 부피를 재고 무게를 달다

도량형이란?

학이는 술이에게 "유명한 암행어사 박문수가 마패말고 허리춤에 차고 다녔던 것이 무엇인지 알아?" 하고 물어보았다.

"무슨 막대기 같은 것을 허리춤에 차고 다녔다던데, 칼은 아니었던 것 같고, 그게 무엇이었는지 잘 모르겠어."

"그것은 바로 유척이라는 거야. 암행어사는 각 고을의 도량형과 형구의 규격을 검사하기 위해 2개의 유척을 허리춤에 지니고 다녔대. 임금님은 암행어사를 임명할 때 봉서, 사목, 마패, 유척을 하사했지. 봉서는 암행어사의 임명장이고, 사목은 암행어사의 임무를 수행하면서 지켜야 할 규칙과 임무의 수행목적 등을 구체적으로 적은 글이야. 마패는 30리마다 있는 역에서 말을 갈아탈 수 있는 증표였지. 마패에 그려진 말의 숫자만큼 말을 바꾸어 주었거든. 유척은 놋쇠로 만든 자를 말하는데, 도량형을 재는 도구였어. 암행어사는 유척을 가지고 다니며 관리들이 잘못된 측정 기구를 써서 세금을 거두지는 않는지 단속하였지."

유척

"그렇구나. 그런데 도량형이 뭐야?"

"도량형이 무슨 뜻인지는 나도 모르겠는걸. 우리 선생님께 여쭤보러 가자."

선생님은 학이와 술이에게 도량형에 대해서 자세히 설명해 주셨다.

"도량형은 길이와 부피를 재고, 무게를 다는 도구야. 도度는 물건의 길이를 재는 자를 말하고, 량量은 곡식의 부피를 재는 되나 말을 뜻하거든. 형衡은 무게를 재는 저울이야."

"선생님, 결국 도량형은 길이와 부피와 무게라는 3가지를 재는 것이라고 볼 수 있겠군요. 그런데 왜 도량형을 만들었나요?"

"도량형은 인간 생활과 밀접한 관계가 있어. 인간은 원시 시대부터 물건을 서로 교환하며 살아왔거든. 그런데 서로 물건을 교환하기 위해서는 정확하게 물건을 잴 수 있는 도구가 필요했지. 그 도구가 도량형이란다."

"선생님, 도량형의 단위는 어떻게 만들어졌나요?"

"도량형의 단위는 처음에 우리 몸을 기준으로 만들어졌지. 옛날 중국 사람들은 손가락을 잔뜩 벌려 한 뼘을 재는 모습을 본떠 '자 척尺' 자를 만들었단다. 네 손가락을 가볍게 붙여서 손을 펴 봐. 옛 사람들은 손을 편 길이를 1부扶라고 했단다. 네 손가락을 붙였기 때문에 1부를 4촌寸으로 정했지. 이번에는 두 손바닥을 가지런히 펴 봐. 그 너비가 바로 1척尺 또는 지척指尺 1자에 해당돼. 10개 손가락을 붙인 거리이니까 1척은

암행어사 마패와 봉서
암행어사가 감찰할 지방의 문제점, 직무 규칙서, 마패·유척 등의 내용이 적혀 있다. 암행어사는 마패에 그려져 있는 말의 숫자만큼 말을 바꾸어 탈 수 있었다.

10촌의 길이란다."

"그럼, 손가락으로 잴 수 없는 더 큰 길이 단위는 어떻게 재었나요?"

"우리 몸으로 잴 수 있는 방법이 무엇이 있을까 생각해 봐. 손바닥보다는 걸음으로 재면 길이의 단위가 더 커질 수 있겠지. 그래서 길의 길이를 재는 걸음에서 농지와 집터 등의 넓이를 재는 방법으로 발전을 했지."

선생님께 도량형 설명을 들은 학이와 술이는 옛 사람들은 처음에 한 뼘의 길이, 한 아름의 부피, 한 짐의 무게를 기준으로 서로 물건을 교환했다는 사실을 알게 되었다. 손톱만 하거나 손바닥만 한 넓이, 손가락이나 발가락만 한 굵기, 주먹만 하거나 사람 머리만 한 크기 등의 단위는 모두 우리 몸을 기준으로 표현한 것이다. 이러한 표현은 오늘날에도 여전히 사용되고 있다.

사회가 어우러지고 경제가 발달하여 나라가 이루어지면서 도량형이 개인이나 지역별로 서로 다른 것이 아주 불편했다. 그래서 최초로 중국을 통일한 진시황은 도량형과 화폐를 통일시켰다. 또 수레바퀴의 지름을 일정한 규격으로 만들도록 명령했다. 진시황은 도량형을 통일하는 법을 만들고, 표준이 되는 도량형 용기를 만들어 전국에 내려 보냈다.

우리나라에서도 삼국 시대, 통일신라 시대, 고려 시대, 조선 시대 등 왕조가 바뀔 때마다 새로운 도량형 제도를 실시했다.

지금부터 우리나라의 도량형 제도를 알아보기로 하자.

우리나라의 도량형 제도는 어떻게 변해 왔을까?

삼국 시대

삼국 시대의 도량형은 고조선 시대부터 사용해 오던 여러 가지 도량형기를 고구려, 백제, 신라의 실정에 맞게 만들었다. 길이를 잴 때는 자를 사용하였고, 부피를 잴 때는 되·말·섬을 사용했다. 무게를 달아야 할 때는 저울을 활용하였다.

고구려는 한 자가 35.51cm인 고구려척을 사용하였다. 신라는 중국 주나라의 자인 주척을 그대로 사용하였는데, 한 자가 20.45cm였다. 백제는 시대에 따라 서로 다른 자를 사용했다. 한성백제 시대에는 후한에서 들어 온 23cm 길이의 자를 사용하였고, 공주로 서울을 옮긴 다음부터는 25cm 길이의 남북조 시대 자를 썼다. 그러다가 부여로 도읍을 옮기고 나서는 29.5cm 길이의 당나라 자를 썼다.

통일신라 시대

신라는 삼국을 통일한 이후 도량형을 새롭게 정비하였다. 특히 길이를 재는 자는 여태 써 오던 한나라의 자를 당나라의 자로 바꾸었다. 통일신라 시대에 기준으로 정한 당대척은 토지의 넓이를 파악하거나 건물을 짓거나 국가에서 백성들에게 옷감을 거두어들일 때 사용하였다. 부피나 무게를 재는 도구들은 큰 변화가 없었다.

고려 시대

후삼국을 통일한 고려는 새로운 국가 건설에 맞추어 정종 6년 (1040)에 도량형을 정비했다. 자의 길이는 통일신라 시대의 당대 척보다 조금 길어졌는데 건물을 짓거나 백성에게 옷감을 거두어 들일 때 사용하였다. 부피와 무게의 단위도 증가되었다. 고려 중기 이후에는 토지를 측량하기 위해 지척指尺을 사용하였다. 특히 고려 후기에는 원나라로부터 저울을 도입하여 사용하였다.

고려는 십지척이라는 고유한 고려척을 만들어 사용했는데, 0.45cm 길이를 기준으로 만들었다. 이것은 일본에 전해져 일본 도량형 제도의 기초가 되었다.

조선 시대

세종은 대대적으로 도량형을 정비하였다. 새롭게 황종척을 만들고, 이를 기준으로 주척·영조척·조례기척·포백척을 만들었다. 부피의 단위도 고려 시대와 비교할 때 2배 정도를 크게 만들어 사용하였다. 세종 때 정비된 도량형은 조선 말까지 세금을 거두고 건축과 상업 활동을 할 때 표준으로 사용되었다.

개항 이후

강화도조약으로 개항을 한 이후, 1902년(광무 6) 도량형의 검정 기관인 평식원을 설치하고 서양의 미터법을 도입하였다. 1903 년에는 척·되·말·저울이 새롭게 만들어졌다.

우리나라의 전통적인 도량형 단위들은 차츰 없어지는 반면에 토지를 계산할 때 '평', 무게를 달 때 '돈'이나 '관' 같은 일본의 도량형 단위가 새롭게 사용되었다. 1척의 길이도 일본 곡척의 기준에 맞춰 30.303cm로 정했다.

서양에서도 산업혁명 이후 나라 사이의 거래가 활발해지면서 유럽을 중심으로 도량형의 통일을 논의했다. 당시 미국이나 영국에서는 야드·파운드법이 발전하였다. 1793년 프랑스 혁명정부는 미터m와 킬로그램kg을 사용하는 미터법을 제정했다. 프랑스 정부는 지구의 둘레를 4천만 분의 1로 나누어 그 길이를 1미터로 정했다고 한다.

도량형이 서로 달라 무역 거래가 불편한 점을 해결하기 위해 1875년 17개국이 모여 국제적으로 미터협약을 체결하고 가장 과학적으로 정의되고 체계가 잡힌 미터법을 채택하였다. 우리나라는 1959년 미터협약에 가입하고 1961년 미터법을 발전시킨 국제단위를 법정단위로 정했다.

도량형의 기준은 무엇으로 정했을까?

학이와 술이는 아르키메데스의 '유레카의 원리'를 배웠다.

시라쿠사의 왕이었던 히에론은 아르키메데스에게 자신의 금관에 은이 불순물로 섞였는지를 알아내라는 분부를 내렸다. 아르키메데스는 금이 은보다 무겁다는 사실을 알고 있었지만, 금에 은이 섞여 있는지를 어떻게 밝혀낼 수 있을지 몰랐다. 그는 이 문제를 골똘히 생각하면서 우연히 목욕탕에 갔다. 욕조에 가득 찬 물속에 들어갔을 때, 그는 자신의 몸무게 용적과 같은 양만큼의 물이 넘친다는 사실을 깨닫게 되었다. 아르키메데스는 자신이 벌거벗고 목욕중이라는 사실도 잊은 채, "유레카! 유레카!" 하고 소리치면서 자기 집으로 달려갔다. "유레카!"는 사라쿠사의 말로 발견했다는 뜻이다.

학이와 술이는 우리나라에도 '유레카의 원리'보다 더 정교한 길이, 부피, 무게를 재는 원리가 있었다는 사실을 알게 되었다.

세종은 우리 고유의 음악을 장려하기 위해 박연에게 명하여 『악학궤범』을 쓰게 하였다. 황종은 『악학궤범』에 나오는 12음률 중의 하나이다. 황종관은 우리 음률의 기본음인 황종음을 정하기 위해 만든 관이다.

이 황종관을 이용하여 길이와 부피와 무게를 다는 기준을 만들었다.

우선 길이의 기준을 어떻게 정했는지 알아보자. 박연은 황해도 해주에서 생산되는 기장 가운데 크기가 중간치인 것을 골라 100알을 나란히 쌓아 그 길이를 황종척 1척으로 하였다. 기장 1알의 길이를 1푼分으로 하고, 10알을 쌓아서 1촌寸으로 하고, 100알을 쌓아서 1척으로 하였다.

다음으로 부피의 기준을 어떻게 정했는지 알아보자. 박연은 기장 1,200알이 들어가는 관의 부피를 1작勺으로 하고, 100작을 1되, 1,000작을 1말로 정했으며, 15말을 작은 섬, 20말을 큰 섬으로 정했다.

마지막으로 무게의 기준을 어떻게 정했는지 알아보자. 박연은 기장 1,200알이 들어가는 황종관에 우물물을 가득 채워 그 물의 무게를 88분으로 정했다. 그리고 10리釐를 1분, 10분을 1전錢, 10전을 1량兩, 16량을 1근斤으로 하였다.

유럽에서도 곡물을 이용하여 도량형의 기준을 만들었다. 중세 유럽에서는 밀, 보리, 기장 등 농작물을 길이와 질량의 표준으로 선택했다. 영국 고대 법규에서는 1페니penny는 밀 32알의 질량이고, 1그레인grain은 보리 한 알의 질량이었다.

1425년(세종 7)에 만들어진 황종척을 기본으로 하여 1430년(세종 12)에는 주척·영조척·예기척이 만들어졌으며, 1431년(세종 13)에는 포백척이 만들어졌다. 이때 만들어진 도량형의 실제 길이는 당시의 유물이 현재 남아 있지 않기 때문에 정확히 알아낼 수는 없다. 현대에 와서 학자 박흥수는 간접적인 유물을 토대로 황종척의 길이를 34.72cm로 추정하였다.

대나무로 만든 황종율관은 추위와 더위에 쉽게 영향을 받았으며, 햇볕에 마르면 소리가 높고, 흐리고 추우면 소리가 낮아졌다. 그래서 1430년(세종 12)경에 기후의 영향을 덜 받는 구리로 황종율관을 만들어 음을 맞추기도 했다.

조선 시대 사람들은 어떻게 길이를 재었을까?

학이와 술이는 자가 없을 때 손가락을 쫙 펴서 한 뼘으로 길이를 재거나 양 팔을 넓게 벌려 대충의 길이를 재 본 일이 있었다. 친구들과 누구 키가 더 큰지 내기를 할 때는 등을 맞대고 키를 재 보기도 했다. 옛날 사람들도 이런 방법으로 사물의 길이를 재었을까?

학이와 술이는 길이 재기가 한 뼘, 한 발, 한 발자국, 한 걸음에서 시작되었다는 것을 알았다. 짧은 길이는 손으로 재었고, 더 큰 길이는 걸음으로 재었다. 손가락 한 마디로 짧은 길이를 재었고, 높이나 깊이를 잴 때는 팔을 뻗어 몸길이를 최대로 늘인 한 길이라는 단위를 사용했다. 한 길은 서 있는 자세로 손을 위로 뻗어 닿는 높이를 말한다. 이러한 길이를 재는 단위는 "담 높이가 한 길이나 된다."든지, "열 길 물속은 알아도 한 길 사람 속은 모른다."는 말 속에 남아 있다.

학이와 술이는 길이를 재는 단위 중에서 자(척), 장, 길에 대해서 알아보았다.

첫째, 가장 기본적인 길이의 단위였던 자는 손을 폈을 때의 엄지손가락 끝에서 가운뎃손가락 끝까지의 길이를 뜻했다. 자는 우리말이고, 한자로는 '척尺'이라고 쓴다. 중국 고대 기록에는 1척은 10촌寸, 1촌은 10푼이라고 했다. 하지만 계산상의 필요에서 1푼은 10리, 1리는 10호, 1호는 10초, 1초는 10홀 등의 단위가 개발되어 실제로 사용되었다. 또한 한 자보다 긴 길이 단위로 고대 중국에는 인, 심, 상이 있었다. 인은 4자, 심은 8자, 상은 16자의 길이를 가리켰다.

척은 손을 펼쳐서 물건을 재는 모양을 본떠 만든 상형문자이며, 처음에는 18cm 정도였다고 한다. 이것이 차차 길어져 한나라 때는 23cm 정도, 당나라 때는 24.5cm 정도가 되었으며, 이보다 5cm 정도 긴 것도 사용되었다고 한다. 우리나라에서는 고려와 조선 시대 초기까지는 32.21cm를 1자로 했으나, 세종 12년에 1자를 31.22cm로 바꾸어 사용해 오다가 1902년에 일본의 곡척으로 바뀌면서 30.303cm가 되었다. 1963년 계량법이 제정되어, 현재는 거래·증명 등의 계산단위로는 사용하지 않게 되었다.

둘째, 장丈에 대해 알아보자. 중국 주나라에서는 8척을 1장이라 하고, 성인 남자의 키를 1장으로 보았다. 그러므로 주나라 당시의 1장은 지금의 1장보다 적었다. 이후 10척을 1장으로 삼았다. '한 길'이라는 단위도 1장에서 유래한 것으로 보인다. 불상 중에서 장육존상은 1장 6척(4.848m)에 해당하며, 보통 사람 키의 2배가 넘는다.

셋째, 물건의 높이나 길이를 어림잡는데 쓰인 단위로 '길'을 사용하였다. 길은 원래 사람의 키를 기준으로 한 것인데, 차차 길게 잡아 8척 또는 10척을 한 길이라 하게 되었다. 강물이나 바닷물의 깊이를 잴 때에 번역어로 쓰이는 일도 있는데, 이 경우의 '한 길'은 6피트(1.83m)에 해당한다.

놋쇠와 상아로 자를 만들어 거리를 재다

학이와 술이는 조선 시대 사람들이 사용하였던 여러 가지의 자에 대해서 선생님께 여쭤보았다.

"선생님, 당대척이란 자에 대해서 알고 싶어요."

"당대척唐大尺은 사람의 키를 재거나 건물 또는 성을 쌓을 때 거리를 재는 데 사용했던 중국의 자尺야. 약 30cm 길이였는데, 통일신라 시대 이후 고려 시대를 거쳐 조선 시대까지 사용했어. 개성에 있는 만월대를 직접 실측 분석을 해본 결과, 고려 시대에 건물을 지을 때 측량의 기준척으로 당대척을 사용했다는 사실이 밝혀졌단다."

"선생님, 옛날에는 상아로 자를 만들기도 했나요?"

"그럼. 상아로 만든 녹아발루척綠牙撥鏤尺과 홍아발루척紅牙撥鏤尺이 일본에 전해 내려오고 있단다. 발루撥鏤란 당나라 때부터 유행했던 상아를 이용해 조각하는 기법으로, 붉은색赤·녹색綠·푸른색靑 따위의 색으로 물들인 상아에 모양을 새기는 것을 말하지. 상아는 내부까지 염색이 되지 않기 때문에 눈금이나 무늬를 새긴 부분만 희게 나타나거든."

"녹아발루척과 홍아발루척이라는 말이 어려운데요, 무슨 뜻인지 궁금해요."

"녹아발루척은 상아에 녹색으로 물을 들여서 자의 면에 날아가는 새, 당초문, 원앙 등의 여러 무늬를 새겼기 때문에 붙여진 이름이란다. 홍아발루척은 상아를 붉은색으로 염색하여 자의 면에 날아가는 새, 봉황, 원앙 등 여러 무늬를 새겼기 때문에 이러한 이름으로 불리게 되었지. 녹아발루척은 길이가 30.5cm, 홍아발루척은 길이가 29.8cm로 당나라에서 널리 사용되었던 당대척의 길이와 같단다."

"그럼, 일본에 있는 녹아발루척과 홍아발루척이 당나라에서 일본으로 전해진 게 맞나요?"

"꼭 그렇지는 않단다. 당나라에서 전해왔다기보다는 전체적인 무늬를 볼 때 통일신라에서 전해졌다고 볼 수 있지. 두 마리의 새가 날아가는 무늬가 경주의 안압지에서 출토된 상아장식과 거의 비슷하고, 새 옆에 있는 화초도 안압지에서 출토된 화초의 무늬와 거의 같기 때문이야. 게다가 홍아발루척에 그려진 비천상(선녀의 상)은 신라 기와에 나타난 비천상과 똑같을 뿐만 아니라, 홍아발루척의 화초무늬도 통도사 대웅전의 축대에 새겨진 화초무늬와 비슷하거든. 그러므로 녹아발루척과 홍아발루척은 통일신라 시대에 사용하였던 자가 일본으로 건너간 것으로 봐야 할 것 같구나."

"선생님, 화각자도 모양이 예쁘던데요?"

"화각자華角尺는 꽃과 용 따위로 장식된 포백척이야."

"그럼, 포백척은 무슨 뜻이에요?"

"포백척布帛尺은 포목점에서 옷감을 사고팔거나 옷을 만들 때 사용한 자라는 뜻이지. 주로 쇠로 주조하여 은으로 장식하거나 대나무로 만들기도 했어. 지방마다 사용자에 따라서 일정치 않았기 때문에 조정에서는 이를 통일하기 위해 포백척을 만들어 전국에 나누어주는 경우가 많았단다. 세종 때는 구리로 만들었고, 황종척을 기준으로 표준적인 크기를 제정하여 나누어주었지. 숙종 때에 주척, 영조척, 포백척을 구리로 만들거나 돌에 새겼다는 기록이 있단다."

"포백척의 길이는 얼마나 되었나요?"

"당시 포백척 1척의 길이는 황종척으로 1척 3촌 4푼 8리였으며, 미터법으로 바꾸어 계산하면 46.73cm가 되지."

"선생님, 옛날에 암행어사는 허리춤에 놋쇠로 만든 자를 차고 다녔다고 하던데요."

"맞아. 자를 만든 재료가 놋쇠(황동)였기 때문에 유척鍮尺이라고 불렀지. 유척은 놋쇠(황동)로 만들어졌기 때문에 변조하기가 쉽지 않은 장점을 가지고 있었지. 주로 사각형 모양의 긴 직육면체에 황종척, 주척, 영조척, 포백척, 조례기척을 함께 새겨서 만들었기 때문에 '사각 유척'이라고 부르기도 했단다."

"선생님, 주척에 대해서도 알고 싶어요."

"주척周尺은 중국의 모든 문물제도가 주나라에 기원을 두고 있다는 유교적 관념에 따라 붙여진 이름이야. 우리나라에서는 고려 말 조선 초에 들어와 조선 초기부터 널리 사용되었단다. 『경국대전』에 근거해 주척을 황종척과 비교하면 주척 1척의 길이는 6촌 6리이고, 미터법으로 환산하면 20.81cm에 해당돼. 주척은 주로 측우기 등 천체기구를 재거나, 사대부집 사당의 신주를 만들 때 사용했고, 도로의 거리, 묘지의 영역, 훈련관 교정의 거리, 활터의 거리를 잴 때 사용했지. 그리고 토지를 재거나 시체를 검시할 때도 사용했단다."

"선생님, 조선 시대 사람들은 정말로 여러 종류의 자를 만들었나 봐요. 궁궐에 갔을 때, 영조척을 사용한다는 얘기를 들은 적이 있어요."

"영조척營造尺은 다른 말로 대척大尺 또는 차공척車工尺이라 부르기도 하는데, 궁궐이나 관청 같은 건물을 짓는 데 주로 쓰던 자로 목수들의 필수품이었지. 영조척은 무기를 만들거나 벌을 줄 때 쓰는 형구를 만들 때도 사용했으며, 성을 쌓거나 다리를 놓을 때도 이용했지. 또한 도로, 배, 수레를 만들 때도 쓰였단다. 영조척은 구리로 주조하기도 하고, 상아로 만들기도 했어. 직각으로 구부러진 직각자를 많이 사용했어. 영조척 1척의 길이는 황종척으로 8촌 9분 7리였다고 하지. 세종 때의 영조척 길이는 31.24cm로 알려져 있단다."

땅의 넓이와 물의 깊이까지도 자로 잴 수 있었다

논이나 밭, 그리고 집터 등의 넓이를 재는 단위로 걸음이 사용되었다. 보통 어른 남자의 발걸음이 기준이 되었다. 이 방법은 중국에서 시작된 것으로 처음에는 한 걸음(1보)의 길이가 주척 8

척이었으나, 춘추전국 시대에는 주척 6척 4촌, 나중에는 주척 6척이나 주척 5척으로 바뀌어 사용되었다. 한 걸음(1보)을 6척으로 하면, 지금 단위로는 181.80cm로 계산할 수 있다. 우리나라에서도 중국의 제도를 본떠서 1보를 표준척도의 6척으로 하였다. 척이라는 단위는 옷감의 길이를 잴 때도 사용되었다.

보와 함께 리里라는 단위도 사용되었다. 1리는 300보(6尺) 또는 360보(5尺)였다. 조선 태종 때는 주척 6척을 1리(300보)로 하고, 10리와 30리마다 장승을 세워 거리를 알게 했다. 조선 시대 당시 1리의 거리는 일정하지 않았으며, 1902년(광무 6) 미터법을 도입한 이후 1리를 420m로 정했다. 현재의 1리는 392.727m로 약 400m로 계산하고 있다.

토지를 측량할 때는 양전척量田尺이라는 자를 사용했는데, 사람의 1보를 1척으로 하였다. 토지 면적을 계산할 때는 절대면적을 기준으로 하는 경무법과 수확량에 따른 결부법이 있었다. 그리고 파종량에 따라서 마지기와 섬지기가 있다. 마지기는 씨앗 한 말을 뿌릴 수 있는 면적을 뜻하고, 평지와 산지 또는 토지의 비옥도 등에 따라서 면적이 서로 다르다. 섬지기는 볍씨 한 섬을 뿌릴 수 있는 면적을 뜻했다. 한편 소 한 마리가 하루에 갈 수 있는 면적을 뜻하는 일경日耕이라는 단위도 있었다.

조선 세종 때에는 토지를 결結과 부負로 헤아렸는데, 1결은 100부였다. 결부는 면적 자체를 헤아리는 단위가 아니라, 토지로부터 징수하는 세금을 정하기 위한 것이었다. 곡식을 손으로 한 줌 쥘 수 있는 단위를 파把라고 했고, 10개의 파를 하나로 묶은 것을 속束 또는 뭇이라고 했다. 그리고 10속을 하나로 묶은 것을 부負 또는 짐이라고 했으며, 100부를 모으면 결結이나 먹이라 불렀다.

세종은 1444년에 결부법을 개정하여 결부의 면적을 토지의 비옥도 등을 감안하여 6등급으로 나누어 정하였다. 토지가 기름져서 많은 곡식을 수확할 수 있는 논과 밭은 1결의 면적을 좁게 잡았고, 토지가 황폐해 수확량이 적은 논과 밭은 1결의 면적을 넓게 잡았다

한편 세종 때 청계천 수위를 재기 위해 마전교(수표교) 서쪽에 나무로 수표水標를 세웠다. 현재 전해 내려오는 수표는 영조 때 다시 돌로 만든 것이다. 돌기둥 양면에는 1척(21cm) 간격으로 1척에서 10척까지 눈금을 새겼다. 그리고 3척, 6척, 9척에는 O 표시를 하여 각각 갈수渴水, 평수平水, 대수大水라고 표시하였다. 6척 안팎의 물이 흐를 때가 보통 수위이고, 9척이 넘으면 위험 수위로 보아 하천의 범람을 미리 예고하였다.

길이 재기

자

자는 손을 폈을 때 엄지손가락 끝에서 가운뎃손가락 끝까지의 길이를 뜻했다. 고려와 조선 초까지 1자는 32.21cm였으며, 세종 때 1자를 31.22cm로 바꾸어 사용했다.

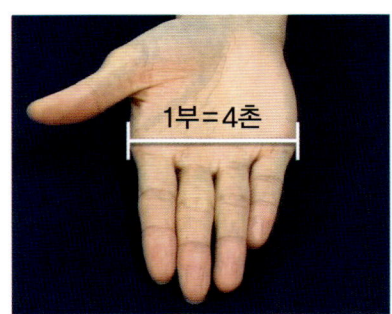

1부 네 손가락을 붙여서 손을 폈을 때의 폭

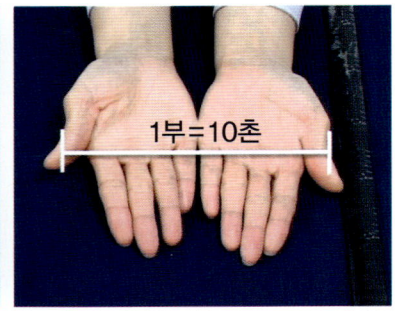

1촌 네 손가락의 평균 폭

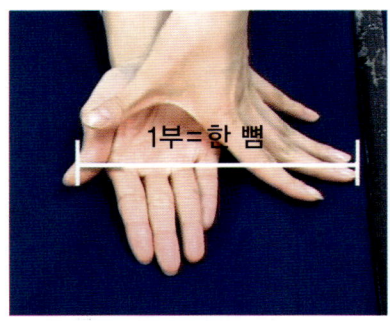

한 뼘 손바닥을 펴고 손가락을 뻗은 길이

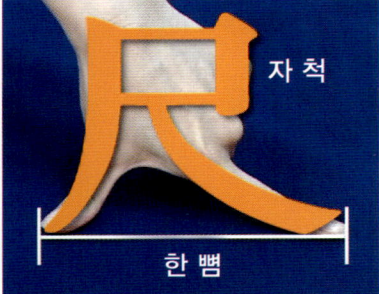

자 척

발 양팔을 벌렸을 때 양손 끝 사이 거리

길 손을 올렸을 때 발끝에서 손끝까지의 거리   **아름** 한 사람이 양팔을 벌려 껴안은 둘레

보 한 걸음 한 걸음 걸어가는 일

녹아발루척, 홍아발루척

녹색으로 물들인 코끼리 뿔에 눈금을 조각하고, 자의 면에 날아가는 새, 당초문, 원앙 등의 무늬를 새긴 것을 녹아발루척이라고 하였다. 홍아발루척은 상아를 붉은 색으로 물들여서 만든 자를 말한다.

유척

놋쇠(황동)를 재료로 만들었으며, 지방에 파견되었던 수령과 암행어사에게 나누어 주었다.

주척

측우기 등의 천체기구나 사대부집 사당이 신주를 만들 때 사용했으며, 도로의 거리수를 잴 때도 사용했다. 주척을 미터법으로 환산하면 20.81cm에 해당한다.

영조척

관청 등의 건물을 짓는 데 쓰던 자이며, 세종 때 영조척 길이는 31.24cm에 해당되었다.

예기척

종묘나 문묘 등에 제사를 지낼 때 쓰는
각종 예기 제작에 사용되었다. 세종 때 예기척의
길이는 28.64cm였다.

포백척

포목점에서 옷감을 사고팔거나 옷감을
만들 때 사용되었다. 세종 때 포백척의 길이는
46.73cm였다.

수표

청계천의 물 높
이를 재어서 홍
수에 대비하기
위해 돌로 만들
었다.

조선 시대 사람들은 어떻게 부피를 재었을까?

학이와 술이는 이번에 옛 사람들이 어떻게 부피를 재었는지 알아보기로 했다.

선생님이 말씀해 주셨다.

"옛 사람들은 먼저 사람의 몸을 이용해서 부피를 재었단다. 손을 이용해 부피를 재는 가장 간단한 방법은 한 줌이나 한 아름이라는 말에서 알 수 있어. 한 줌은 한 홉이라고도 하는데, 손으로 움켜 담을 수 있는 부피를 말하였지. 한 아름은 한 뭇이라 하기도 하는데, 팔로 안을 수 있는 양을 가리킨단다. 그러니까 한 줌과 한 아름은 손과 팔을 움직여서 재는 부피단위라는 것을 알 수 있지. 옛날 사람들은 손을 이용해 작은 부피를 재었고, 팔을 이용해 좀 더 큰 부피를 잰 거야."

학이는 의문이 생겼다.

"선생님, 사람마다 손의 크기나 팔의 길이가 다르잖아요? 그런 방식으로 부피를 재는 것은 정확성이 떨어져 문제가 생겼을 것 같은데요."

홉

되

말

섬

"그래. 학이 말이 맞아. 농업이 중심이었던 근대 이전에는 토지에서 생산되는 곡물을 세금으로 거두어들이는 것이 중요한 일이었지. 세금을 공정하게 계산하기 위해서는 토지의 넓이를 정확하게 계산해야 했고, 곡식의 부피를 공정하게 재어야 했단다. 곡식을 공정하게 재기 위해서는 부피를 잴 수 있는 그릇을 마련하는 것이 필요했지."

"옛날 사람들은 부피를 재는 그릇을 어떻게 만들었나요?"

"조선 시대 사람들은 말이나 되 같은 그릇을 만들어 냈는데, 음악을 이용해 정확한 그릇을 만들었단다. 세종 때 박연은 황종관에 검은 기장 알 1,200개를 채우고, 우물물로 수평을 맞추었지. 박연은 황종관과 일치하는 양을 1홉合으로 삼은 다음에 10홉을 1되升, 10되를 1말斗, 15말을 작은 섬, 20말을 큰 섬으로 했지. 일반적으로 조선 시대에는 10말을 1곡斛 또는 1섬石이라고 불렀단다."

"선생님, 홉과 되, 그리고 섬을 좀 더 자세히 설명해 주세요."

"홉合은 한 줌의 양으로, '합한다'는 의미를 가지고 있어. 주로 조, 깨 등 조그마한 곡물을 재는 데 사용하였지. 세종 때 황종관으로 10작勺을 1홉이라고 했는데, 1홉에는 기장 1,200알이 들어갔단다. 1446년(세종 28) 신영조척으로 길이 2촌, 넓이 7분, 깊이 1촌 4분, 용적 1촌 9분 6리(0.06리터)로 정하였다가, 1902년 0.06리터, 1905년 0.18리터로 바꾸었단다."

"그럼, 되는 무슨 뜻인가요?"

"되枡는 두 손으로 움켜잡은 양이라는 뜻을 가지고 있어. 1446년(세종 28) 신영조척으로 0.6리터, 정조 때 0.6리터로 정했어. 따라서 10홉이 1되가 되는 셈이지. 이익의 『성호사설』에는 평시서의 되는 약 1.5리터, 한성부의 되는 약 2.01리터, 민가에서 사용하는 되는 약 1.6리터라는 기록이 있어. 1902년에는 0.6리터, 1905년에는 1.8리터로 바뀌었단다."

"선생님, 섬과 석은 같은 말인가요?"

"우리말로 섬을 한자로 쓰면 석石이 되니까 같은 말이란다. 곡斛, 석碩, 점(?) 등도 섬과 같은 뜻이야. 석은 원래 황종관에서 나온 무게단위로 120근인데, 「한서」에 곡식 1곡을 1석이라 하여 한나라 때부터 양의 단위로 사용해 왔지. 고려 시대에는 1석이 15두, 조선 시대에는 소곡(평석) 15두, 대곡(전석) 20두였어. 소곡은 약 91.7리터, 대곡은 약 122.3리터였으며, 정조 때 호조에서 사용한 구리로 만든 동곡은 약 120.9리터였지. 1902년에는 1석을 15두 90리터로 개정하고, 1905년에는 1석을 10두 180리터(2가마니)로 바꾸었단다."

"선생님, 시장에서 쌀을 팔 때 사용하는 되를 가지런하게 하는 방망이 같은 것을 봤어요. 그 방망이를 뭐라고 부르나요?"

"밀대라고 하는데, 되나 말질을 할 때 양을 일정하게 하기 위해 사용하는 도구란다. 다른 말로 평목, 개자, 평미레라고도 해. 밀대는 양을 정확히 하기 위한 아주 중요한 도구였어. 그래서 각 왕조는 규정된 밀대를 사용하도록 규정했고, 1433년(세종 15)

에는 밀대에 낙인을 찍어 사용케 할 정도로 정부가 통제를 했지. 밀대를 이용한 속임수가 있을 수도 있기 때문에 1688(숙종14)에는 아예 되질을 잘못 하는 것을 방지하기 위해서 밑이 넓고 위가 좁은 되와 말을 사용토록 했단다. 하지만 되나 말질을 할 때 높은 산봉우리처럼 양을 지나치게 하는 폐단이 발생하자, 양을 일정하게 하기 위해 다시 밀대를 사용하게 되었어.”

이번에는 술이가 질문을 했다.

“선생님, 조선 후기에는 도량형이 들쭉날쭉하여 통일되지 않았기 때문에 전정, 군정, 환곡 등 삼정이 아주 심하게 문란해졌다고 하던데요?”

“술이가 역사 공부를 열심히 했구나. 다산 정약용은 도량형을 통일해야 한다고 정조에게 상소문을 올리기도 했지. 정약용은 상소문에서, ‘농업이 점점 좀먹어가는 까닭은 도량형이 공평하지 않기 때문이다. 지금 사용하는 되나 섬은 마치 사람 얼굴처럼 멀리서 보면 서로 비슷하나 실지로 가보면 모두 다르다. 서울과 시골이 서로 같지 않을 뿐 아니라 같은 고을에서도 관이나 시장·마을에서 사용하는 되가 따로 있고, 심지어는 관청에서 사용하는 되도 서로 다르다. 그래서 곡식 가격이 정해질 수 없다.’ 하며 도량형을 바로 잡아줄 것을 호소했어.”

학이와 술이는 나라의 기틀이 바로서고, 백성들이 편히 살기 위해서는 도량형이 통일되어야 한다는 중요한 사실을 새롭게 배웠다.

부피
재기

한 줌 주척 1척 평방면적에서 거두어지는 벼 양의 단위

한 뭇 묶은 단의 한자 표기

한 짐 한 사람이 등에 질 수 있는 양

멱 볏단 등을 꾸러미로 싸서 동이어 맨 양의 단위

줌 한 손으로 쥐었을 때 담기는 양(한 움큼)

홉 두 손에 쥐었을 때 담기는 양

홉(合)

한 줌의 양으로, '합한다'는 의미를 가지고 있다. 주로 조, 깨 등 조그마한 곡물을 재는 데 사용하였다. 세종 때 황종관으로 10작勺을 1홉이라고 하였다.

되(升)

두 손으로 움켜잡은 양이다. 한 움큼의 양으로 '오른다'는 뜻을 가지고 있다.

149

밀대(槪木)

되나 말질을 할 때 양을 일정하게 하기 위해 사용하는 도구이다. 다른 말로 평목, 개자, 평미레라고도 한다. 밀대는 양을 정확히 하기 위해 아주 중요한 도구였다. 그래서 각 왕조는 규정된 밀대를 사용하도록 했다.

밀대로 부피를 재는 모습

섬(石, 斛)

우리말로 섬은 한자로 석石이라고 썼으며, 곡斛, 석碩, 점苫 등과 같이 사용되었다. 석은 원래 황종관에서 나온 무게단위로 120근인데, 한나라 때부터 양의 단위로 사용해 오고 있다.

조선 시대 사람들은 어떻게 무게를 달았을까?

길이와 부피를 재는 방법을 배운 학이와 술이는 이번에는 옛날 사람들이 어떻게 무게를 달았는지 알아보기로 했다.

타임머신을 타고 가서 보았던 조선 시대 사람들은 시장에서 서로 물건을 사고팔았다. 그런데 무게를 달기 위해서는 저울이 필요했다. 저울은 국내에서의 거래뿐만 아니라 외국과의 교역에서도 정확한 수치를 필요로 하기 때문에 중요했다. 그러나 상인들이 저울질할 때 저울대를 숙이거나 쳐들게 하는 꾀를 부려 눈을 속이는 일도 있었다.

학이와 술이는 다시 선생님을 찾아가 조선 시대 사람들이 무게를 달았던 방법을 배웠다.

"세종의 명으로 박연이 도량형의 기준을 세웠다는 사실을 앞에서 얘기했지. 조선 시대 사람들은 음악을 이용해 무게를 다는 방법을 사용했단다. 박연은 기장 1,200알이 들어가는 황종관에 우물물을 가득 채워 그 물의 무게를 88분으로 정하고, 10리釐를 1분, 10분을 1전錢, 10전을 1량兩, 16량을 1근斤으로 정했지."

"그러면 조선 시대 사람들은 킬로그램kg을 몰랐겠네요?"

"킬로그램이 무게의 기본단위로 결정된 것은 1793년 이후였단다. 1789년 프랑스 혁명이 일어난 이후, 당시 혁명정부는 킬로그램을 무게의 기본단위로 결정했거든. 우리나라에서 공식적으로 킬로그램을 무게를 재는 단위로 받아들인 것은 1964년부터이니, 조선 시대 사람들은 킬로그램 단위를 잘 몰랐겠지."

"얼마 전에 어머니를 따라서 시장에 간 적이 있어요. 그때 시장에서는 '쇠고기 한 근에 얼마, 딸기 한 근에 얼마, 버섯 한 관에 얼마' 이렇게 물건을 사고팔던걸요."

"공식적으로 킬로그램 단위를 사용한 지 수십 년이 지났지만 아직도 금을 거래할 때는 한 돈, 두 돈 이렇게 무게를 재고, 쇠고기나 돼지고기는 600g을 한 근이라고 하고 있어. 채소는 한 근이 400g이고, 한 관이 3,750g이지. 우리가 이렇게 관습적으로 사용하고 있는 도량형 단위 중에는 일본의 식민지 지배를 받으면서 새롭게 쓰이기 시작한 것도 있단다. 예를 들면, 아파트나 땅을 거래할 때 쓰는 평坪이라는 단위가 대표적이라고 할 수 있지."

"정부는 무슨 이유 때문에 도량형을 통일하려고 노력할까요?"

"도량형의 혼란으로 여러 가지 피해나 손실이 발생할 수 있기 때문이지. 1999년에는 미국의 화성탐사선이 화성궤도에 진입하려다가 폭발하는 사고가 있었는데, 탐사선을 제작한 회사와 탐사선을 보낸 미국 항공우주국이 서로 다른 도량형을 썼기 때문에 착오가 발생했다는구나. 또 같은해에 우리나라 화물기가 중국의 상하이에서 추락하는 사고가 발생했는데, 조종사가 미터와 피트를 착각한 것이 사고의 원인이었단다."

학이와 술이는 선생님의 설명을 듣고 나서 도량형의 통일이 우리 생활에 얼마나 중요한 일인가를 깨닫게 되었다.

무게 달기

백제의 '근'이 새겨진 거푸집

부여의 구아리와 가탑리에서 '근斤'이라는 글자가 새겨진 백제의 거푸집이 발견되었다. 이것은 백제의 무게 단위를 알려주는 귀한 자료이다.

거푸집을 복원하는 과정

경주 분황사에서 출토된 저울추

통일신라 시대 혹은 고려 시대 저울추로 높이 11.5cm, 무게 557.79g이다. 저울추의 고리 부분에는 꼬리를 한 번 말아 올리고 고개를 뒤로 젖힌 사자가 있다.

저울

저울대에 눈금을 매기고 물체의 무게에 따라 추를 움직여 평행을 이루었을 때 무게를 알아낸다. 저울은 규모에 따라 세 가지로 나눈다. 작은 저울小秤은 약재나 금·은 같은 귀금속의 무게를 달

 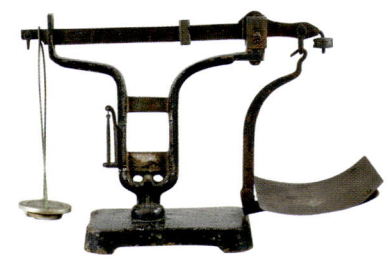

때 사용한다. 중간 저울中秤은 곡
물이나 야채와 같은 생활용품의
무게를 달고, 큰 저울大秤은 곡물
가마니, 소·말·돼지 등 무거운 물건의 무게를 단다.

천칭天秤

저울대의 양쪽에 똑 같은 크기의 저울판을 달고 한쪽에는 무게
를 달 물건을 놓고, 다른 한쪽에는 추를 놓아 평행을 이루게 하
여 다는 저울을 천칭저울이라고 한다. 다른 말로 맞저울 또는 평
행저울이라고도 부른다.

분동分銅

분동은 주로 천칭에서 사용하는 추를 말한다. 1902년 도량형 개
혁 때 일본식 저울추의 명칭인 분동을 사용하게 되었다. 추는 대
저울의 눈금에 따라 무게를 달지만, 분동은 실제 중량으로 그 무
게만큼 무게를 다는 것이 다르다. 저울추
는 주로 돌·청동·철로 만들어 사용하였
고, 근대 이후에는 금속·상아·흑단목·자
단목 등이 사용되었다.

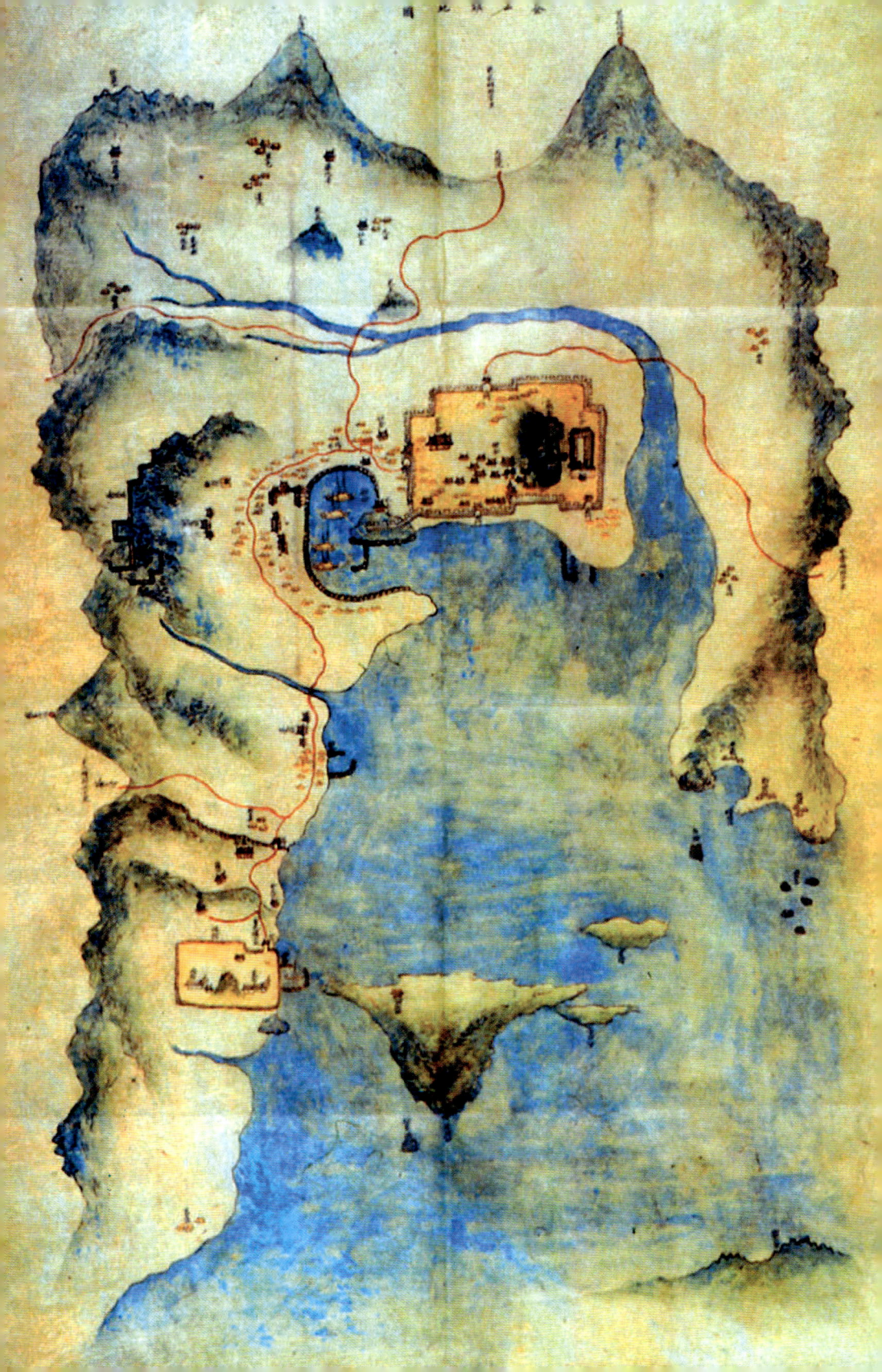

땅의 윤곽을 표현하고
산과 강을 그리다

풍수지리설 | 바람, 물, 하늘, 땅, 사람의 이치를 밝힌 사상

"술이야, 인간이 언제부터 지도를 만들기 시작했는지 아니?"

"글쎄 잘 모르겠는데. 오빠는 알아?"

"원시 시대부터라고 할 수 있어. 인간은 자신이 사는 지역과 다른 지역에 대한 여러 정보를 원시 시대부터 모았지. 먹을 것이나 물을 구할 수 있는 곳, 사냥하기 좋은 곳, 잠자리로 이용하기 적합한 동굴 등을 체계적으로 정리해서 기록할 필요가 있었기 때문에 지도를 만들기 시작했던 거야."

"그럼, 조선 시대 사람들도 지도를 만들었을까?"

"물론이지. 조선 시대 사람들도 우리나라와 세계의 땅 모양을 줄여서 여러 가지 지도를 만들었단다. 옛 지도 속에는 산·강·바다·도성·궁궐·사찰 등이 기호로 그려져 있고, 동서남북의 방위를 알 수 있도록 표시가 되어 있다고 배웠어. 우리, 선생님을 찾아뵙고 자세히 여쭤보자."

학이와 술이는 선생님을 찾아갔다.

선생님은 정확한 지도를 만들기 위해서는 몇 가지 과학기술이 필요하다고 설명해 주셨다.

첫째, 토지측량 기술이 필요하다. 각 지역의 위치와 그 지역들 사이의 거리와 지형의 높낮이를 구하고, 땅의 넓이를 잴 수 있어야 정밀한 지도를 만들 수 있기 때문이다. 조선 시대 사람들은 '기리고차'라는 수레를 발명해서 거리를 재었다. 기리고 차에는 수레바퀴에 북이 달려 있어 10리를 지날 때마다 인형이 나와서 북을 쳐서 거리를 알렸다. 지형의 높낮이나 땅 넓이를 계산하기 위해서는 높은 수준의 수학을 알아야 했다. 조선 시대 사람들은 산판과 산가지(계산막대기)를 활용해서 제곱근은 물론 10차 방정식 해까지 구할 수 있었다고 한다.

둘째, 위도와 경도를 알 수 있어야 한다. 조선 시대 사람들은 한양, 백두산, 한라산 등의 위도를 알기 위해서 대간의 같은 천문기구를 만들어 북극고도를 계산하였다. 경도를 알기 위해서는 시간을 정확하게 잴 수 있어야 했는데, 여러 가지 해시계와 물시계를 발명하여 이러한 문제를 해결했다.

셋째, 동서남북의 방위를 알 수 있어야 한다. 조선 시대 사람들은 윤도나 범철과 같은 나침반을 이용하여 정확한 방위를 알 수 있었다.

조선 시대 사람들은 땅 모양이나 방위를 사람의 운명과 연결시키는 독특한 생각을 가지고 있었다. 명당에 조상의 묘를 쓰면 후손이 복을 받는다고 믿었고, 마을의 위치와 집터를 잡는 데도 풍수지리설이 동원되었다. 풍수란 바람을 가두고 물을 얻는다는 뜻이고, 지리

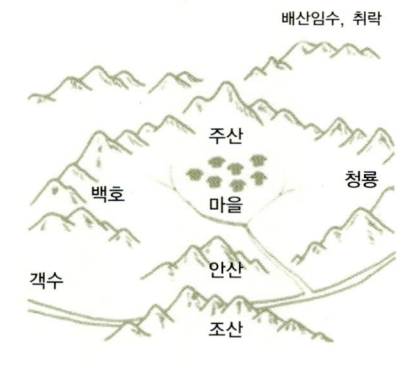

풍수지리에서 본 명당

란 땅의 이치를 깨닫는다는 뜻이다.

이러한 사고방식은 지도제작 방식에도 크게 영향을 미쳤다. 음양오행에 따라 조선팔도를 다섯 가지 색으로 나누어 칠하기도 했다. 동쪽은 청색(좌청룡), 서쪽은 백색(우백호), 남쪽은 적색(남주작), 북쪽은 흑색(북현무), 중앙은 황색으로 표현해 풍수지리 사상을 담았다. 서울과 경기도는 중앙을 뜻하는 황색을 칠했고, 전라도와 경상도는 남쪽을 뜻하는 적색을 칠했다. 강원도는 동쪽을 상징하는 청색으로, 황해도와 평안도는 서쪽을 상징하는 백색으로, 함경도는 북쪽을 의미하는 흑색으로 채색했다.

국토를 살아 있는 인체에 비유하여 백두산을 머리로, 백두대간을 척추로, 제주도와 대마도를 두 다리로 그려내기도 하였다. 그래서 조선 시대 지도를 보면 산줄기가 백두대간, 장백정간과 13개의 정맥, 여기에서 다시 가지를 벋은 산들로 서로 이어져 있다. 산은 강을 이루는 물의 원천이라는 생각에서 산줄기가 강과 내를 이루는 분수령으로 표현되었다.

또한 풍수지리 전문가인 상지관과 그림전문가인 화공이 산과 강의 형세를 살펴서 지도를 만들도록 했다. 그러다보니 풍수지리의 명당도가 서울을 그린 도성도나 각 지역을 그린 군현도에 많은 영향을 끼쳤다. 예를 들면, 도성도는 북악산, 인왕산, 낙산, 목멱산(남산)이 경복궁, 창덕궁, 종묘, 사직 등을 둥글게 원을 그리며 감싸는 모양으로 표현된 것 등이다.

선생님은 이러한 조선 시대 사람들의 풍수지리적 자연관은

긍정적인 면과 부정적인 면이 있다고 말씀하셨다.

"먼저 부정적인 면을 보면, 풍수지리는 미신과 신비주의를 강조하기 때문에 비과학적이라는 것이란다. 반면, 땅과 물 같은 자연과 조화를 이루며 살아야 한다는 풍수지리 사상은 심각한 환경파괴와 공해문제를 낳은 현대과학의 대안이 될 수가 있다고 적극적으로 옹호하는 사람도 있어. 이 문제는 어느 쪽이 더 옳다 그르다고 결론을 내리는 것보다 먼저 옛 사람들의 세계관을 이해하는 것이 더 중요해."

선생님과 헤어진 학이와 술이는 조선 시대에 어떤 지도가 있었는지 알아보기로 했다.

조선 시대에 만들어진 세계지도

혼일강리역대국도지도 | 아프리카와 유럽까지 그린 세계지도

태종은 좌의정 김사형과 우의정 이무에게 세계지도를 만들어 바치라는 분부를 내렸다. 이에 따라 의정부 검상 이회가 지도제작의 실무를 맡게 되었다. 이회는 1402년(태종 2) 김사형과 박돈지가 구해 온 외국지도와 자신이 만든 우리나라 지도를 합해서 '혼일강리역대국도지도' 라는 세계지도를 만들었다.

'혼일강리' 는 당시 세계의 중심이라고 생각했던 중국과 오랑캐들이 함께 어우러진 세상이라는 뜻이며, '역대국도' 는 중국의 여러 황제와 왕의 도읍지라는 뜻이다.

김사형은 1399년(정종 1) 명나라에 사신으로 갔다가 원나라 때 이택민이 만든 세계지도 '성교광피도'와 청준이라는 스님이 만든 '역대제왕 혼일강리도'를 구해 왔다. 1401년(태종 1)에는 박돈지가 일본에 사신으로 갔다가 새로운 일본지도를 얻어 왔다. 1402년(태종) 5월에는 이회가 '조선팔도도'라는 우리나라 지도를 그려서 왕에게 바쳤다.

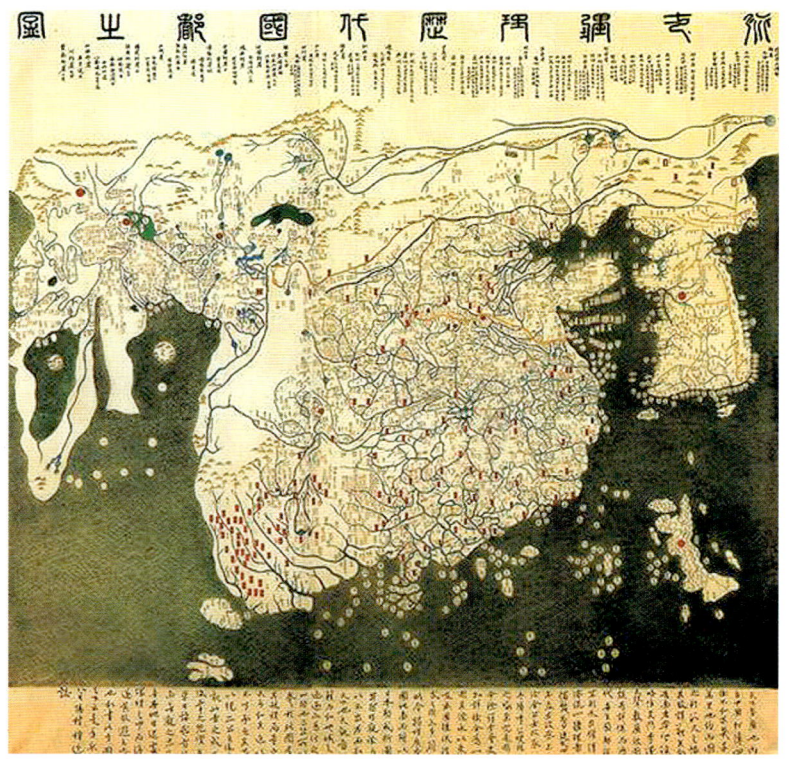

혼일강리역대국도지도(混一疆理歷代國都之圖) 권근 외, 1402(태종2), 채색필사본(모사본), 158.0 ×168.0cm, 서울대학교 규장각 소장, 원본 : 일본 교토(京都) 류코쿠(龍谷) 대학교 소장.

혼일강리역대국도지도는 이슬람, 중국, 일본에서 제작된 지도를 이용하여 아시아, 아라비아반도, 아프리카, 유럽까지 포함하였다. 이 지도에는 100여 개의 유럽 지명과 약 35개의 아프리카 지명이 나오며, 인도반도는 그려지지 않았다. 또한 중국과 한국을 너무 크게 그려 넣은 단점이 있다.

이 지도에는 그리스, 이슬람, 원나라와 고려 등의 동서양 문명이 서로 교류한 흔적이 엿보인다. 아프리카 부분은 톨레미 지도의 영향을 받은 것으로 보인다. 아프리카 남부에 표기된 '저불로마這不魯麻'는 아라비아어로 '제벨 알 카말'인데 '달의 산'이라는 뜻이다. 톨레미의 세계지도에서는 달의 산맥Lunae Montes이라고 표기되어 있다. 톨레미 지도에서는 나일강이 달의 산맥으로부터 북쪽으로 흘러 그 산 아래 있는 두 개의 큰 호수에 들어간 후 여기에서 다시 북쪽으로 흘러서 물길이 모인다. 이러한 나일강의 발원지 모양은 중세 이슬람의 유명한 지도학자 알 이드리시의 지도에서도 그대로 나타난다. 혼일강리역대국도지도에서도 나일강이 똑같이 그려져 있다.

혼일강리역대국도지도의 조선 부분은 북부지방에 대한 왜곡이 심하게 나타난다. 서울·경기도·충청도·전라도·경상도 지방의 해안선 윤곽은 어느 정도 정확한 편이나, 함경도·평안도의 북부지방은 남북의 폭이 실제보다 짧게 그려졌다. 뿐만 아니라 압록강이나 두만강이 흘러가는 흐름도 상당히 왜곡되었다. 이것은 조선 초기에는 이 지역에 대한 지리적 인식이 높지 않았기 때문이다. 아울러 산을 표현할 때 백두산에서 이어져 내려온 산줄기를 실선으로 표현한 것은 풍수지리의 영향을 받은 것으로 보인다.

한편 혼일강리역대국도지도의 일본 부분은 방위가 잘못되어 있다. 이것은 아마 일본으로부터 입수한 지도가 서쪽이 지도의 윗부분이고 동쪽이 아랫부분으로 되어 있었기 때문인 것으로 여겨진다.

바다에 적혀 있는 지명은 실제로 존재하는 지명이 아니라 상상 속의 지명이 많다. 이것은 바다가 육지보다 접근이 어려워 정보가 부족했기 때문인 듯하다.

곤여만국전도 | 천주교와 함께 조선에 들어온 지도

가톨릭을 전도하는 사명을 띠고 중국에 파견된 마테오 리치(1552~1610)는 명나라 학자 이치조와 함께 1602년 북경에서 '곤여만국전도'라는 세계지도를 목판으로 만들었다. 1603년 명나라에 사신으로 파견된 이광정과 권희는 곤여만국전도를 구해서 돌아왔으며, 당시 홍문관에서 근무하던 이수광은 곤여만국전도를 본 사실을 글로 남겼다. 하지만 이수광이 보았던 곤여만국전도의 실물은 전해지지 않고, 1708년(숙종 34)에 임금의 명으로 이국췌와 유우창, 그리고 당대의 화가 김진여가 다시 그린 지도가 전해 내려오고 있다.

타원형으로 그린 곤여만국전도에는 유럽, 아프리카, 아시아,

남북아메리카 대륙이 그려져 있다. 남극과 오스트레일리아는 '묵와랍니가' 라는 상상의 대륙으로 표현되어 있다. 마테오 리치는 세계일주에 도전한 마젤란의 이름을 따서 '묵아랍니가' 라는 명칭을 붙였다고 한다. 지도의 빈 공간에는 괴물처럼 생긴 동물과 탐험선 따위가 그려져 있다.

당시 명나라 사람들은 중국이 세계의 중심이라는 생각하고 있었기 때문에 중국 대륙을 세계지도의 중심에 배치했다. 그리고 중국 대륙에 '대명일통大明一統'이라는 글씨를 붉게 적어 놓았다. 이 말은 '위대한 명나라가 세계를 통일했다' 는 뜻이다.

혼리강일역대국도지도라는 세계지도가 조선에서 제작된 이후 새롭게 전해진 서양의 세계지도인 곤여만국전도는 조선 사람들에게 상당한 충격을 주었을 것으로 여겨진다. 지구가 둥글고, 세상에는 중국보다도 더 큰 대륙이 존재한다는 사실을 그대로 받아들이기 힘들었을 수도 있다.

서양의 지리인식에 대한 이해는 19세기 전반 실학자 이규경과 최한기에 의해서 좀 더 체계적으로 수용되었다. 최한기는 서양 지리학의 성과를 수용하여 구대륙을 그린 '지구전도'와 신대륙을 그린 '지구후도'를 만들었다. 최한기의 지구전후도는 지구가 둥글다는 사실을 수용했으며, 오세아니아 대륙을 이전보다 좀 더 자세하게 그렸다. 또한 태양이 지나가는 길인 자오선이 적도와 사선으로 교차한다는 사실과 태양력을 바탕으로 한 24절기를 표기했다.

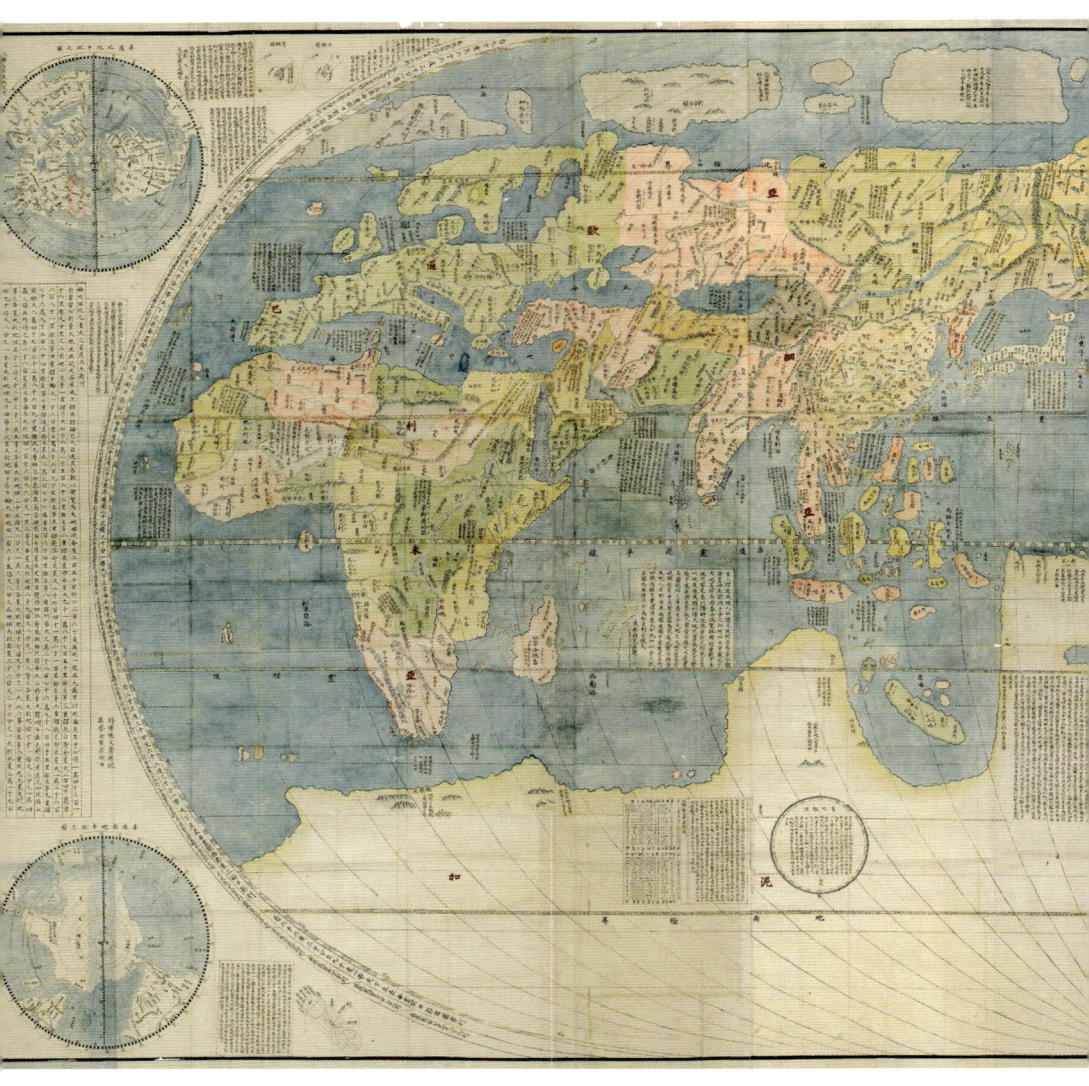

166

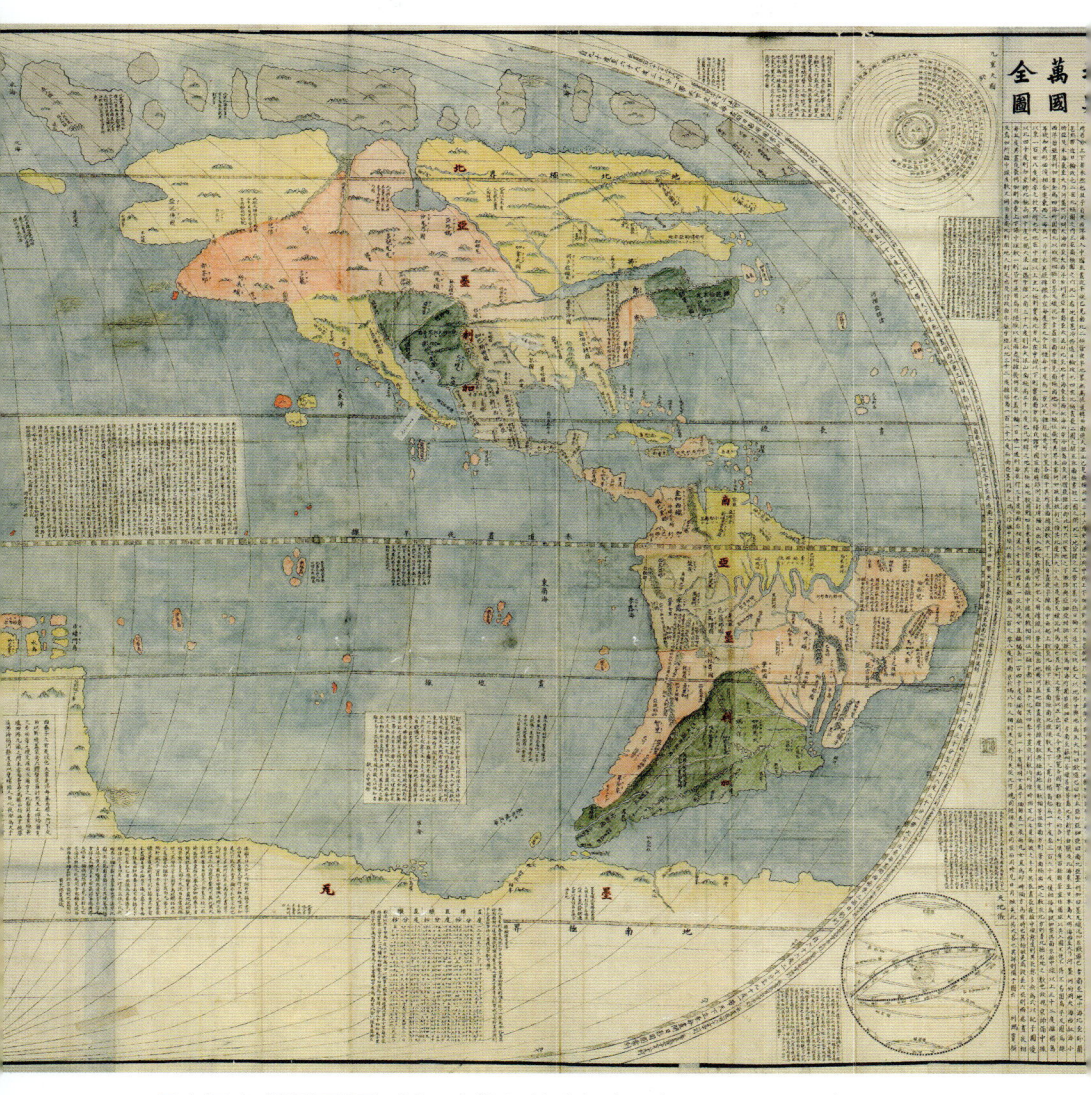

곤여만국전도(坤輿萬國全圖) 마테오 리치(利瑪竇) 제작. 왼쪽 169×188cm, 오른쪽 169×188cm. 채색필사본. 일본 도호쿠(東北) 대학 부속 도서관 소장.

외국의 세계지도

중세 유럽의 T-O 지도와 이슬람의 지도

중세 유럽은 기독교 세계관이 지배하게 됨에 따라서 고대 그리스-로마 시대의 과학이 쇠퇴하게 되었다. 기독교 지배자들은 성서만이 유일하고 절대적인 진리라는 폐쇄적인 세계관을 가지고 있었으며, 지구가 둥글다는 것을 신학에 비추어 부정했다. 이러한 중세의 세계관을 대변해 주는 세계지도가 바로 T-O 지도였다.

T-O 지도

O는 세계를 둘러싸고 있는 바다인 오케아노스를 나타내며, 세계의 육지는 아시아·아프리카·유럽 셋으로 나뉜다. 지도의 방위는 창세기에 나타난 지상낙원인 에덴동산이 있다는 동쪽을 위로 놓았기 때문에 지도의 상반부가 아시아에 해당된다. T자 모양에서 가로선은 아시아, 유럽, 아프리카의 경계인 다나이스강(오늘날의 돈강)과 나일강이며, 세로선은 유럽과 아프리카의 경계인 지중해를 나타냈다. 지도의 중심에는 기독교 성지인 예루살렘이 위치하고 있다.

중세 유럽과 달리 이슬람 세계는 종교의식을 거행하기 위해서는 메카 방향으로 예배를 봐야 했고, 이슬람의 5대 종교의무 중의 하나인 성지순례를 위해서도 지리지식과 정확한 지도가 필요했다. 따라서 이슬람제국은 곳곳에 천문대를 건설하여 황도의 경사, 세차운동, 태양년의 길이를 관측했으며, 상업과 무역을 위해 항해와 육상교통 및 교역지에 관한 지리지식과 정보를 모았다.

9세기 초의 학자 카와리즈미는 위도와 경도를 정확하게 표기한 일반지도를 만들었고, 10세기 중반의 마그디시는 거의 원형의 지도로 적도선을 기준으로 둘로 나눈 지도를 만들었다. 마그디시는 절도선과 남북 양극간을 각각 90도로 나누었으며, 경도는 360도로 구분했다. 이러한 이슬람의 세계지도는 12세기 중반 이드리시에 의해 집대성되었다.

이드리시의 세계지도는 이슬람 전통에 따라 남쪽을 위로, 북쪽을 아래로, 서쪽을 오른쪽으로, 동쪽을 왼쪽으로 방위를 설정했다. 육지는 대양으로 둘러싸여 있으며, 지중해가 서쪽에서 인도양이 동쪽에서 대륙 깊숙이 뻗어 들어가 있고 홍해를 그리지 않은 잘못을 범하기도 했다. 또한 신라를 황금이 풍부한 나라로 표현했으며, 망격제도법을 사용하여 9줄의 위선과 11줄의 경선을 배치하기도 했다. 이러한 이슬람 세계의 지도들은 십자군 전쟁 때 유럽에 전해 대항해 시대에 새로운 세계지도가 만들어지는 데 크게 도움을 주었다.

이드리시의 세계지도(1154)

조선 시대에 만들어진 우리나라 지도

해동지도 | 중국·일본·우리나라 지도 등을 모아 만든 지도

1750~51년(영조 26~27)에 해동지도라는 대규모 지도책이 제작되었다. '해동'이란 중국으로부터 바다 동쪽에 있는 나라라는 뜻으로 당시 조선을 표현하는 말이었다. 모두 370종의 채색지도가 실려 있는 이 지도책에는 천하도, 중국도, 황성도, 북경궁궐도, 왜국지도, 유구지도, 요계관방도, 조선전도, 도별도, 군현지도 등이 있다.

해동지도를 언제 누가 그렸는지는 정확하게 알 수 없지만, 국방을 강화하고 효과적으로 지역을 파악하기 위해 영조대 초반인 1730년대에 비변사에서 제작한 팔도 군현지도들을 집대성한 것으로 짐작된다.

군현지도의 빈 공간에는 인구, 논과 밭, 곡물, 군사, 도시의 역사, 산과 들, 마을, 유적, 역, 서원, 특산물 등을 적었으며, 방위를 표시하는 방면주기를 기록했다.

이 지도책에는 '대동총도'라는 커다란 전국지도가 포함되어 있다. '대동'은 중국의 동쪽에 있는 큰 나라라는 뜻으로 당시 조선을 가리키며, '총도'는 전국을 모두 그린 지도라는 뜻이다. 대동총도는 풍수지리의 영향을 많이 받아 제작되었다. 우선 전국 8도를 다섯 가지 색으로 칠했으며, 우리나라의 지형과 방위에 대해 풍수지리를 내세워 다음과 같은 글을 실었다.

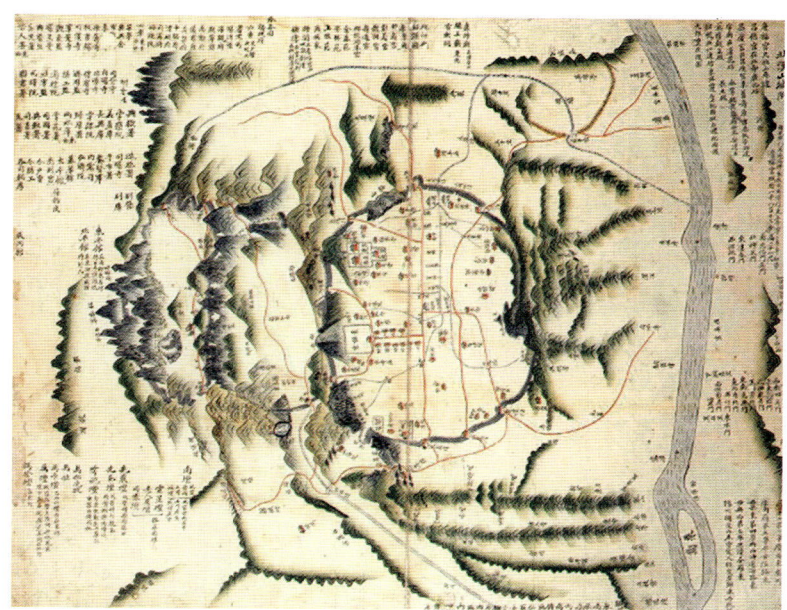

해동지도 경도京都 370종의 채색지도가 수록된 지도책 해동지도의 서울지도. 서울대학교 규장각 소장.

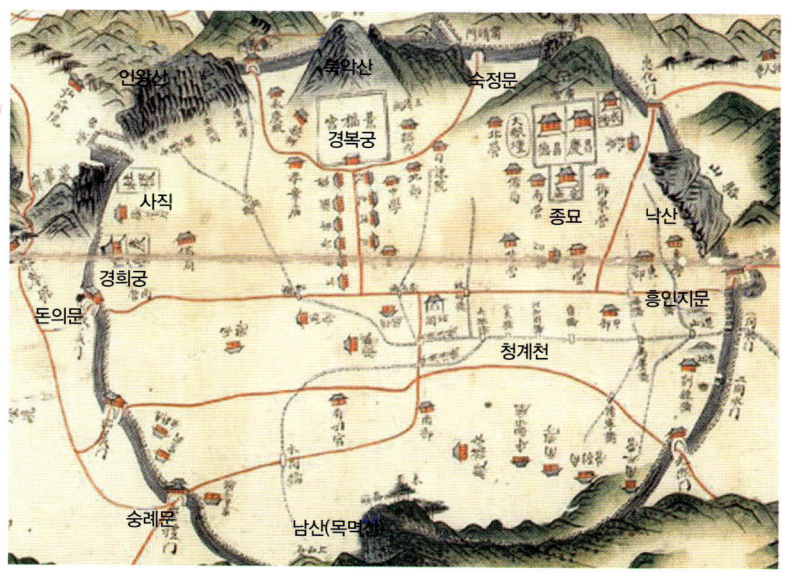

해동지도 경도京都 370종의 채색지도가 수록된 지도책 해동지도의 서울지도를 부분적으로 확대하여 한글로 지명을 표시했다. 서울대학교 규장각 소장.

"우리나라 지형은 북쪽이 높고 서쪽이 낮으며, 가운데가 좁고 아래가 넉넉하다. 백두산이 머리가 되고 백두대간이 등뼈가 된다. 사람이 머리를 옆으로 하고 등을 구부리고 서 있는 모습으로, 영남의 대마도와 호남의 제주도는 마치 두 다리와 같다. 서북쪽에 앉아서 동남쪽을 향하고 있다고 보는 것이 풍수가의 견해다. 서울을 기준으로 사방의 위치를 알아보면 함경도 경성이 정북쪽에 있고, 전라도 해남이 정남쪽, 황해도 풍천이 정서쪽, 강원도 강릉이 정동쪽에 있다."

실제로 대동총도에서는 이러한 풍수지리적 설명을 반영하여 백두산을 크게 그렸으며, 백두대간을 굵게 표현해서 강조했다. 뿐만 아니라 제주도와 대마도를 사람의 두 다리처럼 왼쪽과 오른쪽에 나란히 그렸다. 당시 일본 사람들이 살던 대마도를 조선의 영토라고 인식하고 있던 점이 흥미롭다.

대동여지도 | 뛰어난 지도제작자 김정호가 만든 지도

대동여지도를 만든 김정호는 모르는 사람이 없을 정도로 이름이 난 사람이지만 그가 어디서 태어나 어떻게 살았는지에 대해서 남아 있는 기록이 거의 없다.

김정호는 1804년경 황해도 토산이나 봉산에서 태어나 서울로 올라와 남대문 밖에 있는 약현(현재의 서울역 뒤편)에서 살다가 1866년경 사망한 것으로 짐작된다. 아마도 중인이나 평민 출신이었을 것 같다. 왜냐하면 유재건은 전기가 전해지지 않는 중인이나 평민 출신 중에서 뛰어난 재주를 가진 인물들의 행적을 모아 『이향견문록』이라는 책을 펴냈는데, 그 책에서 김정호를 소개하고 있기 때문이다.

김정호는 실학자 최한기(1803~75)와 두터운 우정을 나눈 친구 사이였으며, 조선대표로 강화도조약(1876)과 조미수호통상조약(1882)을 체결한 신헌(1810~88)과도 친분이 있는 사이였다. 중인 출신으로 재산이 넉넉했던 최성환은 그의 재정적 후원자였다.

1934년 일제는 『조선어독본』이라는 책 속에 김정호가 대동여지도를 만들기 위하여 "팔도를 세 번 돌았고 백두산을 여덟 차례나 올랐다."는 소설을 썼다. 또 "외국을 배척하던 대원군이 대동여지도를 보고 크게 화를 내며 '함부로 이런 것을 만들어서 나라의 비밀이 다른 나라에 알려지면 큰 일이 아니냐'며 지도판을 압수하고 김정호 부녀를 잡아 옥에 가두고, 부녀는 그 뒤 옥중에서 고난을 당하다가 죽었다."며 당시 조선 정부를 깎아내리기도 했다. 그리고는 "청일전쟁 때와 토지조사사업 때 일본은 이 지도를 중요한 자료로 사용했다."며 자신들을 미화했다.

일제가 조선의 우수한 지도제작의 전통을 역사 속에서 지워버리고, 당시 조선정부가 우수한 인재를 아낄 줄 모르는 무능한 정부였다는 모략을 함으로써 자신들의 식민지 통치를 합리화하기 위해 역사를 거짓으로 꾸몄던 것이다.

김정호는 전국을 두루 답사하는 방법으로 지도를 제작한 것이 아니라 기존의 지도들을 두루 모아 좋은 점을 따서 집대성했

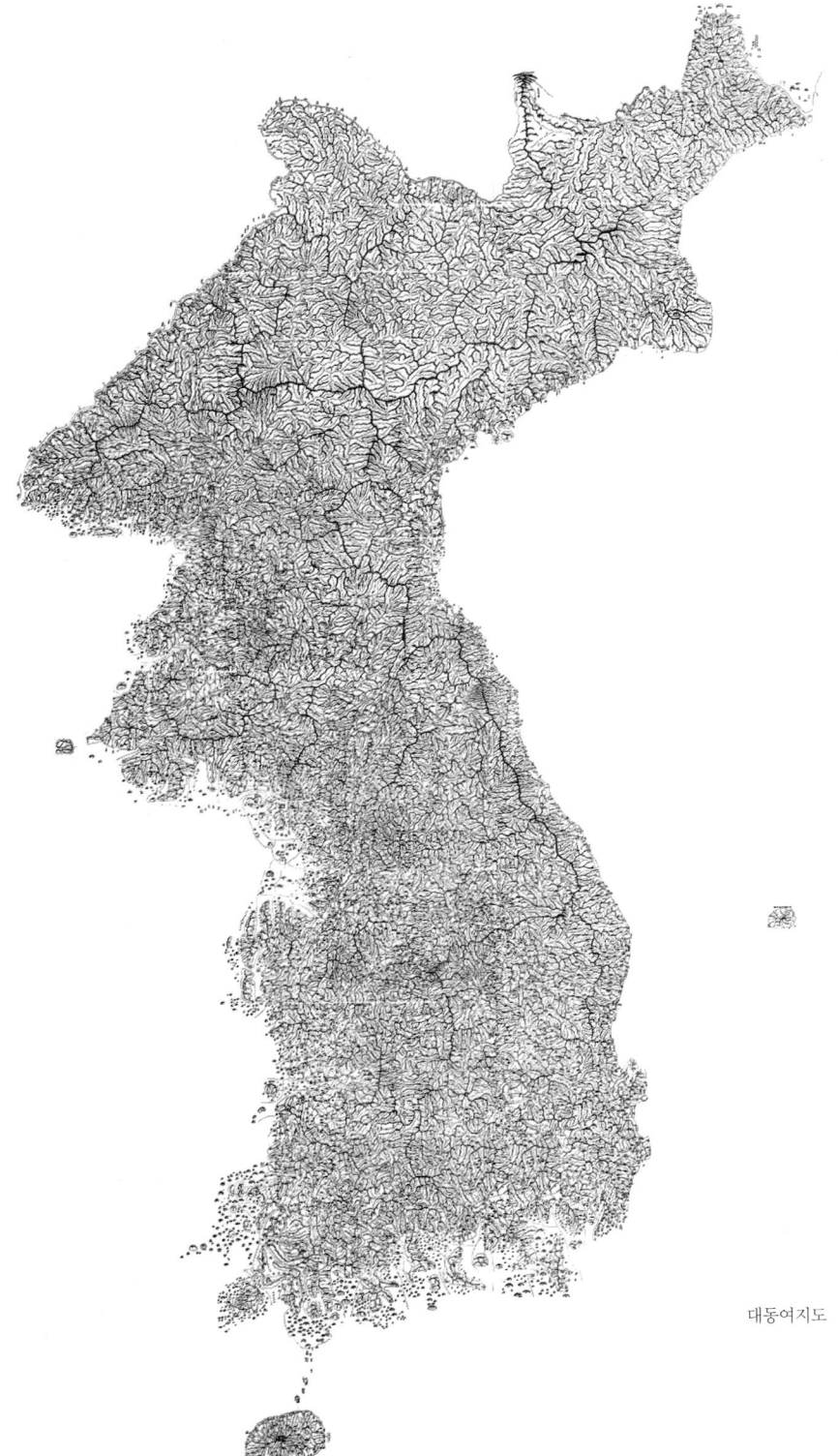

대동여지도

다고 볼 수 있다. 유재건은 김정호가 "깊이 고찰하고 널리 자료를 수집했다."고 밝혔다. 최한기도 김정호가 "어려서부터 지도와 지리지에 깊은 관심을 가지고 오랜 세월 동안 지도와 지리지를 수집하여 이들 여러 지도의 도법을 서로 비교해서 청구도를 만들었다."고 말했다. 신헌은 "나는 우리나라 지도 제작에 뜻이 있어 비변사나 규장각에 소장되어 있는 지도나 옛집에서 좀먹다 남은 지도들을 널리 수집하고, 이를 서로 비교하고 또 지리서를 참고하여 이들 지도를 합쳐 하나의 지도를 만들고자 했으며, 이 일을 김정호에게 맡겼다."고 기록했다.

김정호가 대동여지도를 흥선대원군에게 바치자 그 정밀함에 놀란 조정 대신들이 국가기밀을 누설하였다는 죄를 물어 옥사하게 만들었다는 말도 전혀 사실이 아니라고 볼 수 있다. 왜냐하면 『조선왕조실록』이나 『일성록』 등의 기록에 그러한 사실이 전혀 나타나지 않으며, 김정호가 만든 지도나 편찬한 지지가 하나도 손상당하지 않고 고스란히 현재까지 보존되고 있기 때문이다. 더구나 김정호가 옥사하였다면 그를 도와주었던 최한기·신헌·최성환도 처벌을 받았을 텐데, 이들이 처벌을 받았다는 어떠한 기록이나 증거도 없다.

한편 정상기(1672~1752)는 백리척 작도법을 이용하여 동국대지도를 만들었다. 산이 많고 길의 굽이가 심한 우리나라의 특수한 지형을 고려하여 평지는 100리를 1척으로 계산하고, 도로의 굴곡이 심한 곳은 120~130리를 1척으로 계산하는 방법을 사용함으로써 실제와 가까운 직선거리를 계산해 낼 수 있었다.

신경준(1712~81)은 정상기와 정항령 부자가 그린 지도를 토대로 동국여지도를 그렸다. 신경준은 주척 2촌의 길이를 1개의 선으로 삼아 세로선 76개와 가로선 131줄을 넣어서 지도를 만들었다고 전해진다.

정후조(1758~93)는 산의 험준한 정도와 강의 깊이 등을 자세히 표시하여 그린 동국팔로분지도와 조선팔도지도를 만들었다.

김정호는 그보다 앞선 시대에 정상기, 정항령, 신경준, 정후조 등의 뛰어난 학자들이 제작한 지도와 비변사 등 정부기관에서 소장하고 있던 지도들을 이용하여 청구도, 동여도, 대동여지도 등의 훌륭한 지도를 만들 수 있었다.

대동여지도에는 어떤 지리 정보가 담겨 있을까?

'대동'이란 중국의 동쪽에 있는 큰 나라를 일컬으며, 조선을 달리 부르는 말이다. '여지'란 수레같이 만물을 싣는 땅이라는 뜻으로 국토를 뜻한다. 그러므로 대동여지도는 조선의 땅을 그린 전국지도라는 뜻이다.

대동여지도는 김정호가 1861년(철종 12)에 목판에 새겨서 발간하였다. 동서를 80리, 남북을 120리 간격으로 하여 22첩으로 나누어 접어서 쓸 수 있도록 만들었다. 22첩을 모두 연결하면 가로 약 3.3m, 세로 약 6.7m의 대형 지도가 되지만, 이를 접으면 1절이 가로 약 20cm, 세로 약 30cm 정도였다.

김정호는 가로 20cm×세로 30cm 정도 되는 지도 한 면을 가로 8눈금, 세로 12눈금으로 직사각형으로 나누는 방안축적표를 사용했다. 방안축적표에서 눈금 하나는 10리에 해당된다. 실제 거리 10리를 지도에서 2.5cm(1방안의 크기)로 줄여, 가로 20cm×세로 30cm 되는 지도 한 면이 동서 80리×남북 120리를 나타내도록 한 것이다. 아울러 방안에 대각선을 긋고 '14리'라고 표기하였는데, 정사각형의 대각선의 길이값을 적용했다는 사실을 알 수 있다. 대동여지도의 축척은 대략 1 : 216,000 정도이다.

김정호의 대동여지도는 당시 존재하던 여러 지방의 지도를 똑같은 축적을 사용하여 묶어 낸 것이다. 김정호는 배수의 전통적인 여섯 가지 지도제작법과 아르키메데스의 축척비례법을 이용하여 큰 축척을 작게 하거나, 작은 축척을 크게 만들 수 있었던 것으로 여겨진다.

배수의 여섯 가지 지도 제작법

- **분율** | 동서남북의 원근 차. 지도의 축척을 말한다.
- **준망** | 이곳과 저곳의 지형을 바로 잡는 것. 지도의 가로, 세로 눈금을 말한다. 방격, 방안 또는 획정이라고도 부른다.
- **도리** | 이곳과 저곳의 거리를 결정 짓는 것.
- **고하** | 지형의 높낮이를 측정하는 것.
- **방사** | 지형의 직각과 예각을 측정하는 것.
- **우직** | 지형의 곡선과 직선을 측정하는 것.

지도표를 읽으면 대동여지도를 쉽게 볼 수 있다

김정호는 대동여지도에서 사용한 14개 항목 22종의 기호를 '지도표'라는 제목을 붙여서 설명했다. 대동여지도를 쉽게 보기 위해서는 이들 기호의 무엇을 뜻하는지 이해해야 한다.

地 圖 標

牧所	倉庫	驛站	鎭堡	城池	邑治	營衙
田	■	①	□	城山	□	□
牧場	城有		城無 / 城有	城無 / 城間	城無	營在邑治則無標

道路	古城	古墼	古縣	坊里	陵寢	烽燧
二三四	▲	▲ / 城有	● 城有 / 有城 舊邑址	○	○	▲ 姑束陵號書圈內

지도표

7) 목소	6) 창고	5) 역참	4) 진보	3) 성지	2) 읍치	1) 영아
牧	■ 무성	①	□ 무성	산성	○ 무성	□
축장	◙ 유성		◙ 유성	궐성	◎ 유성	영재읍치즉무표

14) 도로	13) 고산성	12) 고진보	11) 고현	10) 방리	9) 능침	8) 봉수
1C 2C 3C 4C 5C 리	▲	▲ 유성	● 유성 / ◎ 구읍지 유성	○	○ 시봉능호서권내	▲

1. 영아營衙 | 병마절도사가 있는 병영, 수군절도사가 있는 수영, 관찰사가 있는 감영, 도절제사가 있던 행영 등의 관청이라는 뜻이다. 이곳에서 절제사, 첨절제사, 동첨절제사, 수군만호, 절제도위 등이 병사들을 지휘하고 감독하였다.

2. 읍치邑治 | 오늘날의 시청이나 군청에 해당하는 부, 목, 군, 현의 관청이 있는 곳을 말한다. 읍성이 있으면 ◎, 성이 없으면 ○ 표시 안에 고을 이름 두 글자를 적었다. 읍성은 도시를 보호하기 위해 도시의 둘레를 성벽으로 둘러싸고 곳곳에 문을 만들어 외부와 연결할 수 있게 쌓은 성을 말한다.

3. **성지**城池 | 원래 적의 접근을 막기 위해서 성의 둘레에 파놓은 연못, 즉 해자를 말한다. 대동여지도에서는 산성과 궐성을 의미한다. 궐성이란 궁궐 외곽의 성이나 수원의 화성처럼 고을 외곽을 완전히 둘러싼 성을 말한다.

4. **진보**鎭堡 | 진은 각 병영, 수영, 감영 밑에 둔 군대의 주둔지를 말한다. 보는 흙으로 축대를 쌓아서 만든 작은 성을 말하며, 진보다 작은 규모의 병력이 주둔했다. 성이 있는 경우에는 '回' 기호를 사용했으며, 이는 영아回와 모양이 같지만 그보다는 작은 기호를 사용했다. 지도에서 영아回는 '행영', '수영' 등 명칭을 기록하고 있어 구분된다.

5. **역참**驛站 | 역은 주요 도로에 약 30리 간격으로 설치되었고, 말과 역졸을 두었다. 출장을 떠난 공무원은 역에서 말을 갈아탔으며, 원에서 숙식을 제공받았다. 참은 역과 역 사이에 공무 여행자가 쉴 수 있도록 마련한 장소를 말한다.

6. **창고**倉庫 | 관청에서 운영하는 창고를 말한다.

7. **목소**牧所 | 국가에서 필요한 말을 먹이던 목장이다.

8. **봉수**烽燧 | 봉화를 올리는 설비를 갖춘 봉수대를 말한다.

9. **능침**陵寢 | 죽은 왕이나 왕비의 무덤을 말한다. 능 이름의 첫글자를 ○ 기호 안에 써넣었다.

10. **방리**坊里 | 방은 현재의 동에 해당하는 행정구역이며, 리는 면이나 읍에 있는 행정구역이다. 특수한 행정구역으로 향, 소, 부곡이 있었다.

11. **고현**古縣 | 통합이나 이전을 함으로써 폐지된 부, 목, 군, 현의 옛 관아가 있던 곳이다.

12. **고진보**古鎭堡 | 당시는 사용하지 않던 옛날의 진과 보가 있던 곳이다.

13. **고산성**古山城 | 옛 산성이 있던 곳이다.

14. **도로**道路 | 도로는 10리마다 방점을 찍어 거리를 표기했다. 평지의 곧은 길은 일정한 간격으로 방점을 찍었고, 구불구불하고 높낮이가 심한 경우에는 간격을 줄여 찍었다.

산줄기와 강물은 어떻게 표기하였을까?

산줄기는 굵고 검은 선으로 표시했다. 산을 하나하나 따로 떼어서 표현하지 않고 모든 산을 연결하여 표현하였다. 낮은 산은 가늘게 그렸고, 높은 산은 산 모양을 굵게 표현하였다. 태백산이나 설악산처럼 산세가 험한 산은 꼭대기를 특별하게 표시하였다. 백두산에서 이어지는 백두대간을 가장 굵게 그렸으며, 대간에서 갈라져 나가 큰 강을 나누는 정맥을 약간 굵게 그렸다. 정맥에서 갈라져 나간 줄기는 더욱 가늘게 표현했다. 산줄기를 이렇게 표현한 것은 풍수지리 사상의 영향을 받은 것으로 볼 수 있다.

강줄기는 두 개의 선과 하나의 선으로 구분하여 표시하였다. 배가 다닐 수 있는 강은 두 개의 선으로 그렸고, 배가 다닐 수 없는 얕은 강은 하나의 선으로 간략하게 나타냈다. 대동여지도 속의 강줄기 표시는 조선 시대에 물자를 운송했던 조운체계를 이해하는 데 많은 도움이 된다. 또한 산은 물을 가르고, 물은 산을 건너지 못한다는 산자분수령山自分水嶺의 원칙에 따라 강줄기의 근원을 명확하게 밝혔다.

군현의 경계 표시는 어떻게 했을까?

지도표에는 없지만 군현 경계는 점선으로 표시했다. 대동여지도에서 밝힌 군현의 경계 표시는 당시의 행정 조직을 파악하는 데 많은 도움이 된다. 대동여지도에서 점선으로 표현된 조선 시대의 군현 경계는 오늘날의 행정 경계와 달랐다. 강이 경계가

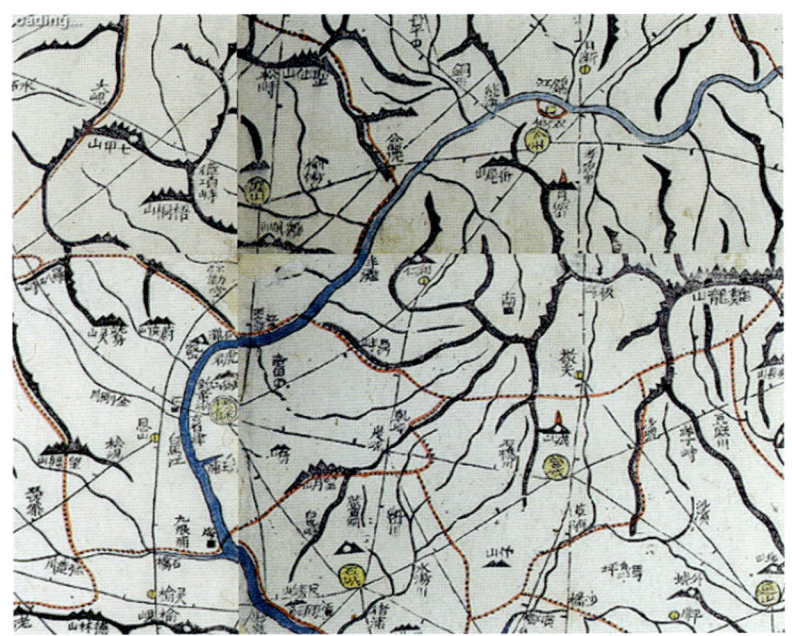

대동여지도의 공주, 부여 부분 하늘색으로 칠한 부분이 금강이며, 점선 위에 빨간색이 칠해진 부분이 군현의 경계를 나타낸다. 지도의 오른쪽 끄트머리 가운데 부분에 계룡산이 있다. 계룡산은 행정경계선이 아니라 공주에 소속된 땅으로 분명하게 표시되어 있다.

될 때 오늘날에는 강의 가운데를 행정 경계로 삼지만, 조선 시대에는 강을 토막 내어 각 부분을 이웃 군현끼리 나누어 가졌다. 산줄기도 마찬가지여서, 오늘날에는 산의 능선이 행정 경계선이 되지만 조선 시대에는 각 산의 소속을 분명히 했다.

두입지와 비입지

두입지斗入地는 군현의 경계가 다른 고장 쪽으로 유난히 길게 들어간 곳을 가리킨다. 군현의 경계가 개의 이빨이 서로 물려 있

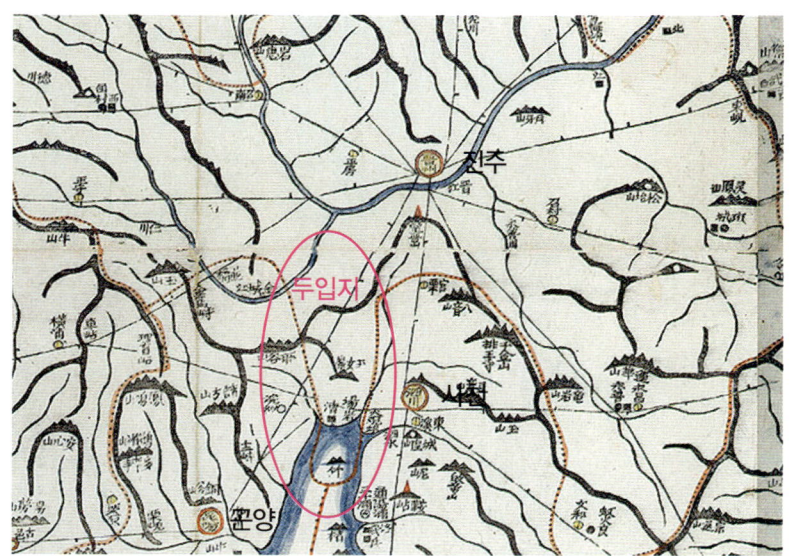

대동여지도 속의 두입지 경남 진주의 행정구역이 가운데 아랫부분의 한자로 '죽(竹)'이라고 표시된 섬까지 길게 들어가 있다. 이 부분을 두입지라 한다.

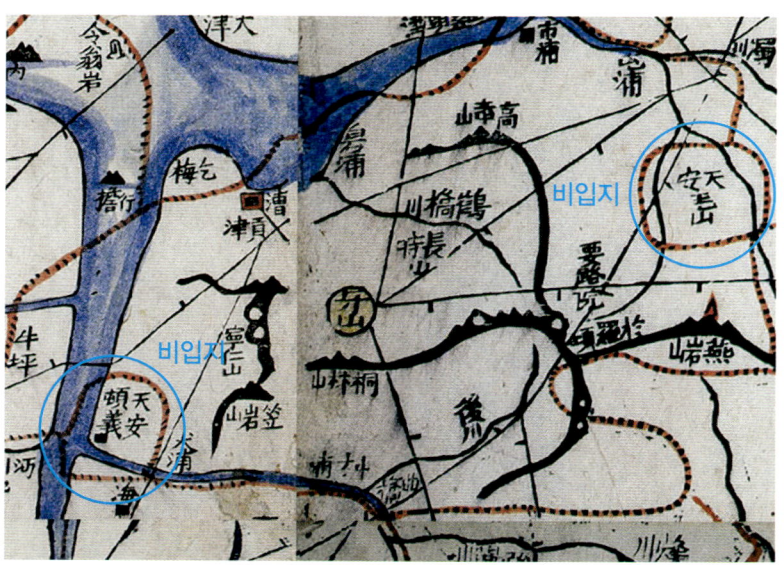

대동여지도 속의 비입지 아산군의 행정구역이 점선으로 표시되어 있는데, 아산군에 소속된 땅에 '천안'의 비입지가 2군데(왼쪽 아래와 오른쪽 위에 동그랗게 경계를 표시하고 '天安'이라는 글씨가 적혀 있는 부분) 설정되어 있음을 알 수 있다.

는 모양을 하고 있다고 해서 견아상입지犬牙相入地라고도 한다.

비입지飛入地는 한 고을의 영역 안에 섬처럼 다른 고을에 소속
된 땅이 있는 것을 가리킨다. 새가 날아온 것 같은 모양이라고
해서 비입지라고 부른다. 영향력이 큰 고을일수록 많은 비입지
를 가지고 있었는데, 자연적인 경계에 의해 만들어진 행정단위
가 아니기 때문에 그곳에 속한 백성들의 입장에서는 생활하기
가 불편했다.

두입지와 비입지는 나루터, 배로 물건을 실어 나르는 조운,
세금으로 거두어들인 곡식을 수송하거나 보관하기 위해 설치한
조창과, 생선이나 소금의 확보, 토산물의 현물납부에 필요한 물
자조달과 조세징수 등 국가의 행정편의를 위해 만들어졌을 것
으로 짐작된다. 두입지와 비입지는 15세기 군현정비에 따라 계
속 줄어들다가, 1906년에 공식적으로 없어졌다. 대동여지도를
통해서 없어지기 전의 두입지와 비입지의 상황을 알 수 있다.

백두산 정계비

1712년(숙종 38) 청나라는 오라총관을 맡고 있던 목극등을 조선에 보내어 국경문제를 해결하자고 했다. 조선에서는 참판 박권을 보내 청나라의 사신을 접대하도록 하였다. 목극동은 백두산이 청나라 황제의 조상이 태어난 영산이기 때문에 청나라에 귀속되어야 한다고 주장하며, 구체적인 국경선을 결정하기 위해 백두산에 올라가자고 했다.

당시 박권은 늙고 쇠약하여 산에 오르지 못했으며, 목극동이 조선의 군관들과 통역관을 거느리고 백두산에 올라가 일방적으로 정계비를 세웠다. 그래서 정계비를 세운 곳은 백두산 정상이 아니라 우리나라 방향인 남동쪽 4km에 있는 해발 2,200m 지점이었다. 비석에는 "서쪽은 압록강, 동쪽은 토문강"으로 국경을 정한다고 기록했다.

청나라는 정계비를 건립하는 과정에 '백두산정계비도'라는 지도를 베껴서 조선 측에 보냈는데, 현재 서울대 규장각에 이 지도가 남아 있다. 이 지도에는 백두산 천지가 '대택'이라고 표기

백두산정계비

清大

烏喇摠管穆克登奉
旨查邊至此審視西爲鴨綠東
爲土門故於分水嶺上勒
石爲記

康熙五十一年五月十五日

筆帖式蘇爾昌
通官二哥

朝鮮軍官李義復趙台相
差使官許樑朴道常
通官金應瀗金慶門

백두산정계비 비문

백두산정계비 내용

대청

청나라 오라총관 목극동은 황제의 명을 받들어 변경을 조사했다. 이곳에 이르러 살펴보니 서쪽은 압록강이고 동쪽은 토문강이다. 그러므로 분수령 위에 돌을 새겨 기록으로 삼는다.

강희 51년(1712) 5월 15일

글쓴이 소이창, 통역관 이가
조선군관 이의복 조태상
차사관 허량 박도상
통역관 김응헌 김경문

되어 있으며, 압록강·두만강·분계강·흑룡강의 강줄기가 시작되는 곳이 서로 다르게 그려져 있다. 분계강은 바로 청나라와 조선의 국경선을 결정 짓는 강이라는 뜻이다.

이후 청나라와 조선은 토문강의 위치를 놓고 계속 다투었다. 중국은 토문강을 두만강이라고 우겼고, 조선은 토문강과 두만강은 서로 다른 강이라고 반박했다. 간도 개발이 활발해진 1880년대에 이르러 조선은 간도가 조선의 영토임을 주장하였으나, 청은 토문강이 곧 두만강이라고 주장하여 합의에 이르지 못했다.

그러다가 1909년 일본은 남만주의 철도부설권을 얻는 대가로 간도지방을 청나라에 넘겨주고 말았다. 대한제국이 주권을 잃고 일본의 식민지가 되기 직전에 벌어진 일이었다.

현재 중국이 벌이는 고조선, 고구려, 발해의 역사를 중국의 역사로 편입시키려는 동북공정과 관련하여 간도의 영유권 문제는 여전히 해결되지 않고 있다.

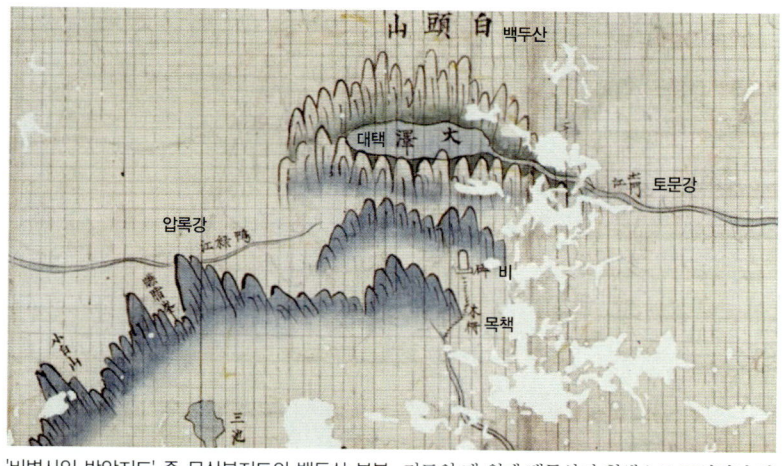

'비변사인 방안지도' 중 무산부지도의 백두산 부분 지도의 맨 위에 백두산이 흰색으로 표시되어 강조되어 있다. 천지는 대택이라고 표기되어 있다. 백두산 아래쪽에는 숙종 38년(1712)에 청과 조선이 국경선을 합의하여 세운 백두산정계비(碑라고 표기)와 나무 울타리(木柵이라고 표기)가 표시되어 있다.

해와 물로 하루의 길이를 재다

해시계로 그림자 길이를 이용해 시간을 재다

타임머신을 타고 조선 시대로 떠난 학이와 술이에게 아주 난처한 문제가 생겼다. 낮 12시 정각에 타임머신의 시동을 걸어야 현재로 돌아올 수 있는데 그만 시계가 고장난 것이다.

"오빠, 어쩌면 좋아. 타임머신의 시계가 망가져 버렸네. 이제 어떻게 집으로 돌아가지?"

술이는 엄마, 아빠를 못 볼 수도 있다는 생각이 들어 엉엉 울기 시작했다. 학이도 덩달아 엉엉 울다가 문득 한양의 종로를 지나가다 해시계를 봤던 기억을 떠올렸다.

"술아, 울지 마. 종로에 가면 해시계가 있잖아? 해시계를 이용하면 정확한 시간을 알아낼 수 있을 거야."

학이는 술이를 달래며 종로로 갔다. 육의전 상인들은 "세종대왕이 혜정교(현재 교보문고 후문 근처에 있던 다리)와 종묘에 해시계를 설치해서 백성들이 해 그림자의 길이로 시간을 알 수 있도록 했지. 종로라는 길 이름도 아침과 저녁에 종을 쳐서 성문을 여닫는 시간을 알렸기 때문에 붙인 거야." 하고 친절하게 일러주었다.

과연 혜정교에는 해시계가 설치되어 있었다. 마침 서운관에서 일하는 학자를 만나 해시계로 어떻게 시간을 알 수 있는지 물어보았다.

"아침에 해가 동쪽에서 떠서 오후에 서쪽으로 지는 것은 잘 알 거야. 그런데 그림자는 해와 반대로 아침에는 서쪽에 생겨

북쪽으로 옮겨가고, 오후가 되면 동쪽에 그림자가 생기거든. 이렇게 그림자의 움직임이 일정하기 때문에 해시계로 시간을 알 수 있단다.”

서운관 관리의 설명을 들은 술이는 얼마 전에 울었던 일을 깜빡 잊고 궁금한 것을 물어 보았다.

“이 해시계는 꼭 솥단지같이 생겼네요. 이 해시계를 뭐라고 부르나요?”

“앙부일구라 부르지. ‘앙부’는 하늘을 우러러보는 모양의 가마솥이라는 뜻이고, ‘일구’는 해시계라는 말이야. 네 말대로 가마솥이 위로 열려 있는 모양의 해시계라는 뜻이란다.”

이번에는 학이가 호기심이 났다.

“그림자 길이로 어떻게 시간을 알 수 있어요?”

“눈금에 글씨가 새겨져 있지. 글자를 읽을 줄 모르는 백성을 위해서 해 쥐, 소, 호랑이, 토끼 등 12지신의 그림도 그려 두었어. 여기 소 그림이 있는 곳에 그림자가 오면 낮 12시야. 정오正午라고도 하지.”

학이와 술이는 서운관 관리 덕분에 타임머신을 타고 집으로 돌아올 수 있었다. 다음 날 학교에 가서 선생님께 어제 겪은 일을 얘기했다.

선생님은 학이와 술이가 지혜롭게 행동했다고 칭찬해 주면서, 시간 이야기를 들려주셨다.

“동양에서는 하늘의 모양을 살펴 백성들이 일할 때를 가르쳐

주는 것은 임금이 해야 할 중요한 일로 여겼단다. 유교사상은 왕이 하늘에서 명령을 받아 인간 세상을 다스리는 존재라고 가르쳤거든. 하늘에 떠 있는 해와 달과 별을 관찰하고 시간과 달력을 결정하는 것은 오직 왕만이 할 수 있는 절대적인 권한이라고 생각했대. 그래서 우리나라에서는 옛날부터 왕들이 첨성대, 관천대 등을 설치하여 하늘의 현상을 관찰하고, 해시계나 물시계 등을 이용하여 시간을 재었단다. 조선 시대에도 서운관을 설치하고 시간과 천문 관측에 필요한 여러 기구를 마련했지.”

“선생님, 길이나 부피는 눈으로 볼 수 있지만 시간은 눈으로 직접 볼 수 없잖아요. 그런데 어떻게 옛날 사람들이 시간을 잴 생각을 했을까요?”

학이의 질문에 선생님은 조용히 웃으며 다음과 같이 설명하셨다.

“시간을 알아야만 제사도 지내고, 종교의식도 거행하고, 농사도 짓고, 약속도 할 수 있었기 때문에 옛날 사람들은 태양, 물, 모래, 기계장치 등을 이용해서 시간을 재는 여러 가지 방법을 고안해 내었단다. 시간을 재는 장치 중에서 인류가 가장 먼저 이용한 게 해시계란다. 가장 초보적인 해시계는 수직으로 세워 놓은 막대기가 만들어 내는 그림자의 길이로 시간을 알아내는 거였지. 고대 문명이 발달했던 이집트, 메소포타미아, 그리스, 중국 같은 곳에서 해시계를 이용해 시간을 재었어. 『구약성서』에도 해시계에 관한 기록이 나와.”

"우리나라에서는 언제부터 해시계를 사용했을까요?"

"술이도 조선 시대에 사용한 앙부일구라는 해시계를 보았지? 우리나라에서도 아주 오랜 옛날부터 해시계를 이용해 시간을 재었어. 원반 모양을 한 화강암으로 만든 신라 시대의 해시계 유물이 지금까지 전해 내려오는데, 1930년대에 경주의 월성 성벽에서 발견된 거야. 유물은 전하지 않지만 고구려는 일자, 백제는 일관이라는 관직을 두어 시간을 재고, 해시계를 관리하도록 했다는 기록이 남아 있지. 조선 시대에는 너희들이 보았던 앙부일구 외에도 많은 해시계가 있었단다. 앞으로 현주일구, 정남일구, 신법지평일구, 간평일구 혼평일구 등 해시계를 함께 공부해 보자."

앙부일구 | 가마솥 모양의 해시계

앙부일구는 오목한 솥단지 모양의 해시계다. '앙부' 는 하늘을 우러러보는 모양의 가마솥이라는 뜻이고, '일구' 는 해시계라는 말이다. 다시 말해 '가마솥이 위로 열려 있는 모양의 해시계' 라는 뜻이다.

앙부일구에 관한 기록은 『세종실록』에 처음으로 나타난다. 세종은 이천, 장영실, 김돈, 이순지 등의 과학자들에게 중국 원나라의 과학자 곽수경이 만든 해시계인 양의를 본보기로 하여 새로운 해시계를 만들 것을 명했다. 양의는 시간뿐만 아니라 일식과 월식까지 알 수 있는 복잡한 천문기구였다. 이천, 장영실 등의 과학자들은 양의를 간편하게 개량하여 시간만 알 수 있는 앙부일구를 만들었다. 세종 당시의 앙부일구는 지금까지 전해지는 것이 없고, 조선 후기에 만든 것들이 남아 있다.

앙부일구의 구조는 시침, 시반면, 계절선으로 이루어져 있다. 시침은 해 그림자를 만드는 둥근 송곳 모양의 시곗바늘이고, 시반면은 해 그림자를 읽을 수 있는 눈금이 새겨진 오목한 바닥면이다. 눈금은 15분 간격으로 그어져 있고, 아침 6시(묘시)에서 저녁 6시(유시)까지 해가 떠 있는 동안의 시간을 표시했다. 계절선에는 동지에서 하지에 이르는 24절기를 알 수 있는 13개의 위선이 새겨져 있다. 그림자가 제일 긴 동지선을 가장 바깥에 그렸고, 그림자가 가장 짧은 하지선을 가장 안쪽에 그렸다. 따라서 앙부일구의 시침이 만들어 낸 해 그림자를 통해 24절기와 시간을 알 수 있었다.

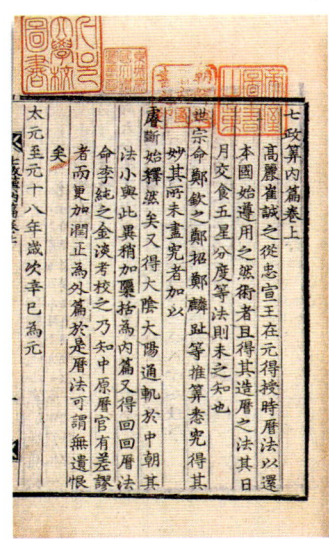

『칠정산 내편』

세종 때의 앙부일구는 하루를 100각으로 나누는 눈금을 사용했다. 세종 때는 원나라의 수시력과 명나라의 대통력의 장점을 조선의 실정에 맞게 고쳐서 만든 『칠정산 내편』에 따라 시간을 계산했기 때문에 하루를 100각으로 나누었다. 당시 1각은 100분이었으므로, 하루는 10,000분이 되었다.

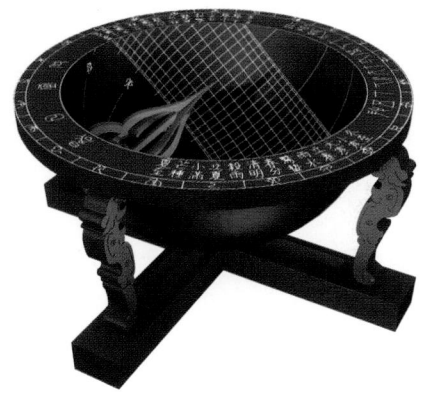
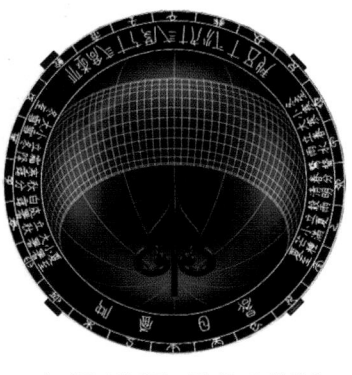

솥 테두리의 윗면 바깥에는 24방위가,
그 안쪽으로는 24절기와 한양의 북극
고도 등 여러 가지가 새겨져 있다.

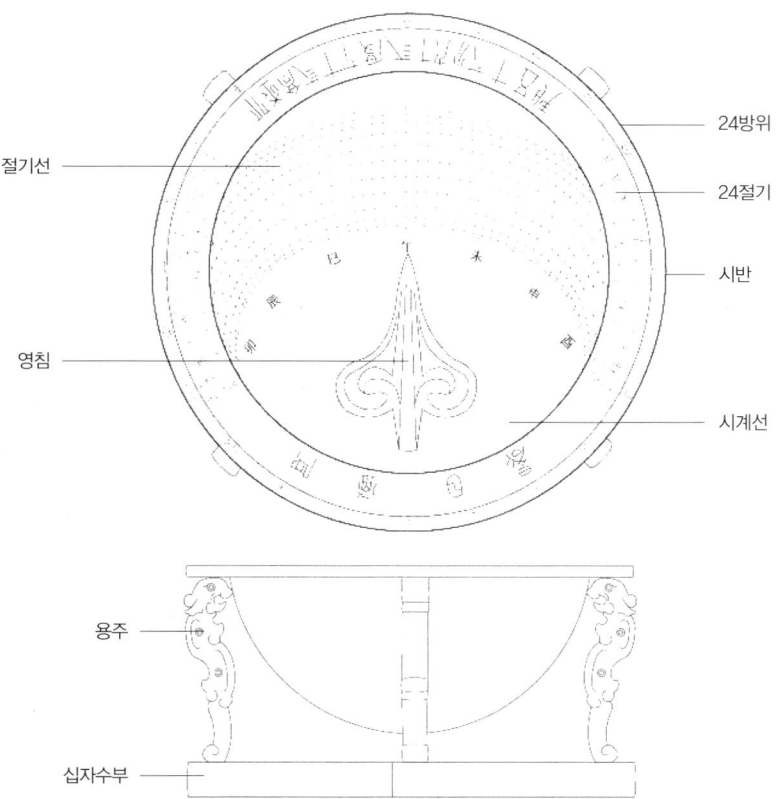

절기선

영침

24방위

24절기

시반

시계선

용주

십자수부

앙부일구

조선 후기의 앙부일구는 하루를 96각으로 나누는 눈금을 그어서 만들었다. 1653년 이후에는 서양의 시헌력을 시행했기 때문에 하루 12시간을 96각으로 나누었고, 매 시는 초와 정으로 나누었다. 이에 따라 자초는 밤 11시가 되고, 자정은 밤 12시(또는 0시)가 되었다. 또한 초와 정 사이의 시간은 15분 간격으로 4개의 각으로 나누었다. 시헌력으로 밤 12시 50분은 '자시 정3각 5분'이 된다. 자정은 밤 12시를 가리키고, 3각은 45~60분 사이를 나타낸다. 따라서 자시 정3각은 밤 12시 45분에 해당된다. 여기에 5분을 더하면 밤 12시 50분이 된다.

현주일구 | 간편하게 사용할 수 있는 휴대용 해시계

현주일구는 구슬이 달린 해시계라는 뜻으로, 세종 때 만든 휴대용 해시계다. 『세종실록』에는 현주일구를 다음과 같이 설명하였다.

"현주일구를 만들었는데 밑바탕이 네모나게 되어 있고 그 길이는 6촌 3분(약 13.2cm)이다. 밑바탕 북쪽에는 기둥을 세우고 남쪽엔 둥글게 못을 팠으며, 북쪽에는 십자를 그리고, 기둥머리에 추를 달아서 십자와 서로 닿게 하였으니, 수준계로 수평을 잡지 않더라도 자연히 평평하고 바르다. 100각을 작은 원에 그렸는데, 원의 지름은 3촌 2분(약 6.7cm)이고, 자구가 있어 비스듬히 기둥을 꿰었다. 바퀴 중심에 구멍이 있어 한 가닥 가는 실을 꿰어서 위에는 기둥 끝에 매고, 아래에는 밑바탕 남쪽에 매어

백각 시반

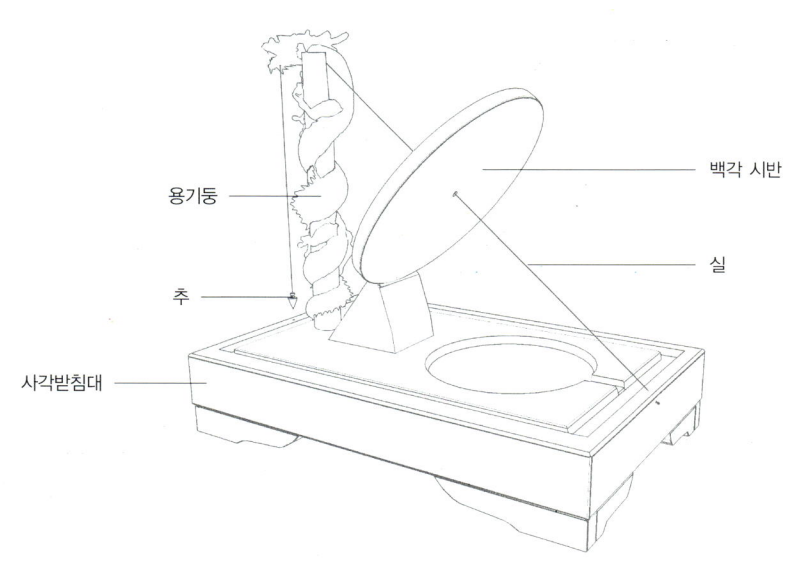

용기둥

추

사각받침대

백각 시반

실

현주일구

실 그림자가 있는 것을 보고 곧 시각을 안다."

현재 합천 해인사에 전해 내려오는 현주일구는 세종 때 처음 만든 것을 본떠 성종 때에 다시 제작한 것으로 여겨진다. 구리에 은을 상감기법으로 정교하게 새겼으며, 100각법의 시법으로 새겨진 유일한 유물이다.

100각법은 하루를 12시간으로 나누고, 매시를 초와 정으로 나누었다. 이에 따라 오초는 낮 11시가 되고, 오정은 낮 12시가 되었다. 또한 초와 정 사이의 시간은 5각으로 나누었다. 예를 들면 오전 11시부터 12시 사이에는 6분 간격으로 4개의 각이 있었고, 마지막 5번째 각은 1분의 눈금을 새겼다. 6분 간격으로 새겨진 초각·1각·2각·3각은 대각이라 했고, 대각의 1/6 간격에 해당하는 1분 간격으로 새겨진 4각은 소각이라 불렀다. 따라서 100각법에서 말하는 1분은 현재의 시간법으로 2분 15초에 해당한다. 이러한 우리나라의 전통적인 100각법은 1653년부터 서양에서 들어온 시헌력을 시행함에 따라 96각법으로 바뀌게 되었다.

정남일구 | 나침반 없이 정남향을 맞추어 시간을 재는 시계
정남일구는 나침반과 같은 기구가 없이도 정남향을 맞추어 시각을 알 수 있는 해시계이다. 아주 정밀한 해시계로 현주일구와 천평일구에 간의의 특징까지 합친 것으로 평가받고 있다. 시간뿐만 아니라 24절기와 24방위까지 알 수 있었다.

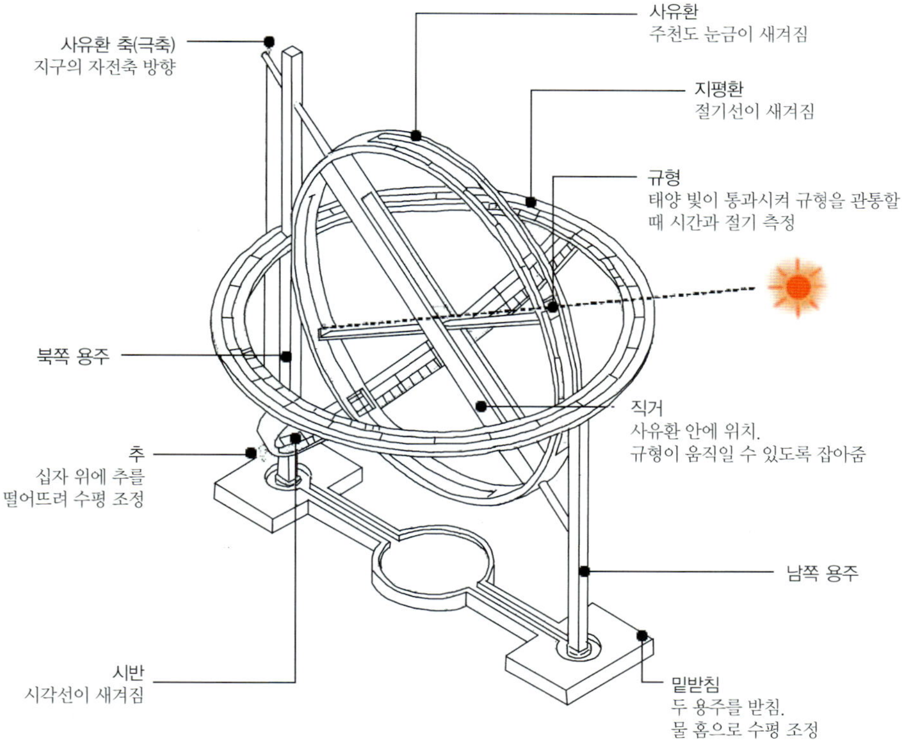

사유환 축(극축)
지구의 자전축 방향

사유환
주천도 눈금이 새겨짐

지평환
절기선이 새겨짐

규형
태양 빛이 통과시켜 규형을 관통할
때 시간과 절기 측정

북쪽 용주

직거
사유환 안에 위치.
규형이 움직일 수 있도록 잡아줌

추
십자 위에 추를
떨어뜨려 수평 조정

남쪽 용주

시반
시각선이 새겨짐

밑받침
두 용주를 받침.
물 홈으로 수평 조정

정남일구

현재 정남일구의 실물은 남아 있지 않지만, 여주에 있는 세종대왕 영릉 기념관에 복원품이 전시되어 있다. 정남일구는 중국의 어떤 문헌에도 관련 기록이 없으며, 정조 때 편찬된 『국조역상고』라는 책에 그 구조가 자세히 설명되어 있어서 복원할 수 있었다.

정남일구의 구조를 보면, 받침대의 길이가 1척 2촌 5분(약 25.8cm)이며, 받침대 위에 1척 1촌(약 22.89cm) 길이의 북쪽 기둥과 5촌 9분(약 12.27cm) 길이의 남쪽 기둥을 세워 사유환과 지평환 등을 지탱하게 했다.

사유환은 회전이 가능하며, 규형이 달려 있어 상하 좌우로 움직이면서 태양을 관측할 수 있다. 사유환의 밑바닥에는 네모난 구멍이 뚫려 있어 그 밑으로 시반의 눈금(백각환)을 읽어 시간을 알 수 있게 하였다. 지평환은 남쪽 기둥의 꼭대기 높이로 사유환을 비스듬히 가로질러 놓여 있다. 지평환 밑으로는 반환을 설치했으며 백각환을 새겨 눈금을 읽을 수 있게 했다. 받침대 위에 있는 북쪽 기둥에는 추를 늘어뜨려 수평을 유지할 수 있도록 했다.

『국조역상고』는 정남일구의 특징을 "매일 매일의 태양 거극도수에 따라 규형에 해 그림자의 동그란 원을 투입하도록 맞추고, 네모 구멍에 의거하여 반환

『국조역상고』

의 시각을 내려다보면, 비록 나침반을 사용하지 않더라도 남쪽을 정하여 시간을 알 수 있다."는 점이라고 밝혔다. 거극도는 북극에서 천체까지 잰 각 거리를 말하며, 현대 용어로는 북극거리라고 한다. 규형은 땅의 높낮이와 거리가 가깝고 먼 정도를 측량하는 기구로 인지의라고도 불렀다.

한편 정남일구의 밑받침 가운데에는 물도랑을 만들어, 가운데 부분의 둥근 못에 지남침을 띄워 편각을 보정할 수 있도록 만들기도 했다.

일성정시의 | 해와 별로 낮과 밤의 시간을 재는 시계

일성정시의는 해와 별을 관측하여 낮과 밤의 시각을 재는 시계이다. 조선의 과학자들은 원나라의 과학자 곽수경이 만든 성귀정시의를 개량하여 밤낮으로 시간을 알 수 있는 새로운 시계를 만들어 냈다. 『조선왕조실록』의 기록에 따르면, 1437년(세종 19) 4월에 완성했다고 한다. 일성정시의는 간의에서 시계장치를 분리해 낸 것으로 실물로 전해 내려오지 않으나, 여주의 세종대왕 영릉에 복원품이 전시되어 있다.

일성정시의는 한양의 북극 고도인 한양의 위도를 정확히 계산하여 정극환의 방향을 한양의 북극고도에 맞추어 사용했으며, 국가 표준시계 기능을 했다. 또한 지구의 자전운동에 의한 태양이나 별의 일주운동 변화량을 계산하여 낮과 밤의 시간을 알아냈다.

일성정시의

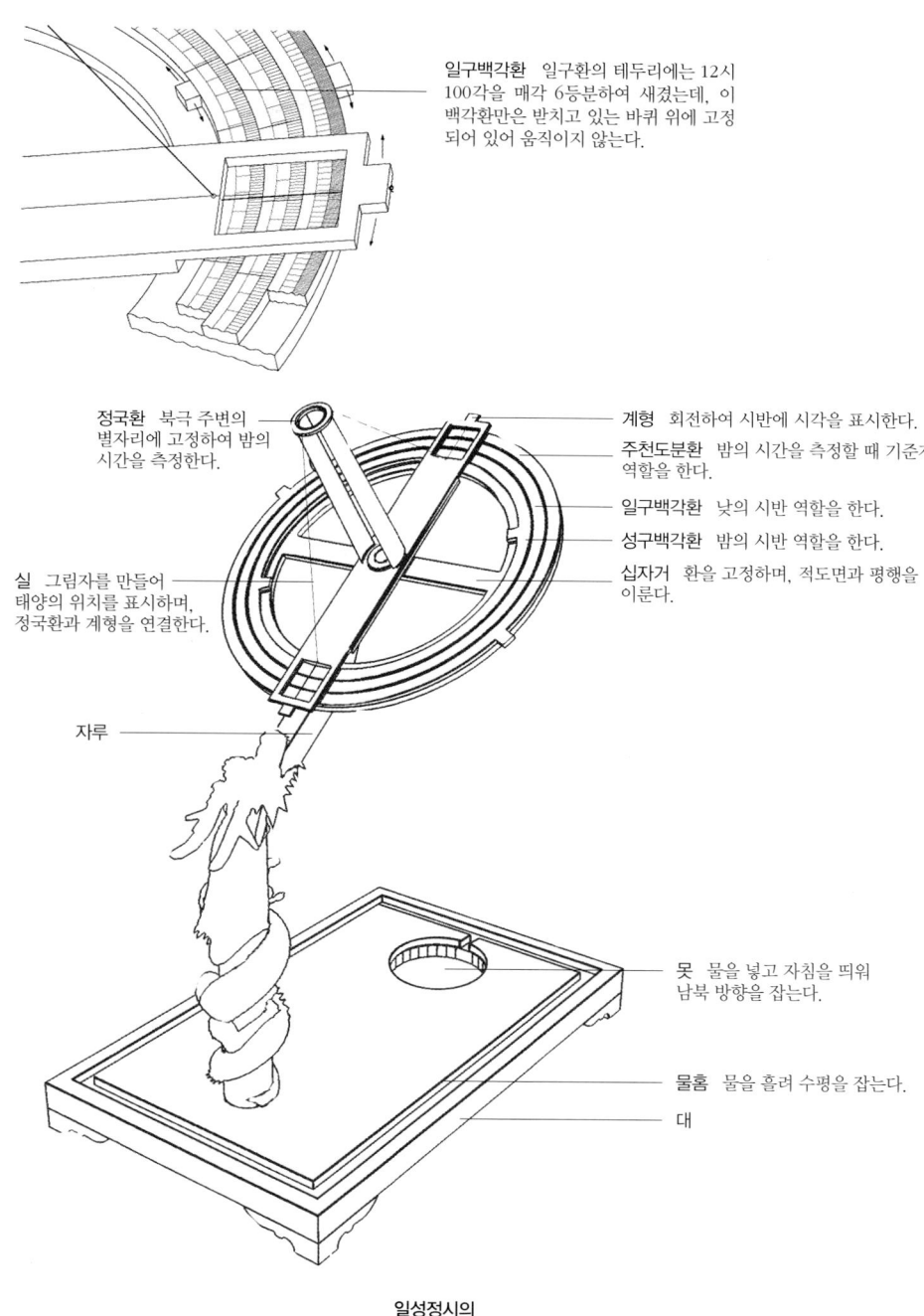

일구백각환 일구환의 테두리에는 12시 100각을 매각 6등분하여 새겼는데, 이 백각환만은 받치고 있는 바퀴 위에 고정되어 있어 움직이지 않는다.

정국환 북극 주변의 별자리에 고정하여 밤의 시간을 측정한다.

실 그림자를 만들어 태양의 위치를 표시하며, 정국환과 계형을 연결한다.

자루

계형 회전하여 시반에 시각을 표시한다.
주천도분환 밤의 시간을 측정할 때 기준자 역할을 한다.
일구백각환 낮의 시반 역할을 한다.
성구백각환 밤의 시반 역할을 한다.
십자거 환을 고정하며, 적도면과 평행을 이룬다.

못 물을 넣고 자침을 띄워 남북 방향을 잡는다.

물홈 물을 흘려 수평을 잡는다.
대

일성정시의

그 구조를 살펴보면, 우선 둥근 바퀴 모양을 한 주천도분환, 일구백각환, 성구백각환이 겹치게 하여 하나의 바퀴 덩어리를 만들었다. 주천도분환은 맨 바깥에서 회전하며, 일구백각환은 가운데 고정되어 있고, 성구백각환은 맨 안쪽에서 회전할 수 있다. 이 세 개의

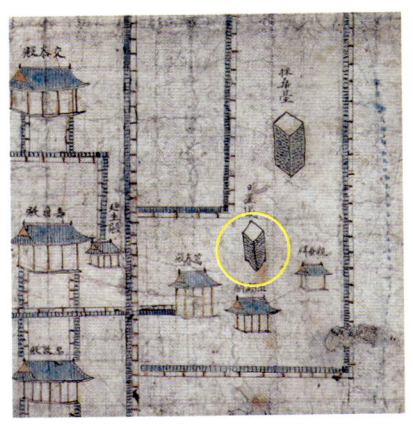

「경복궁도」의 일성정시의. 일성정시의는 전부 4개가 제작되었고, 하나는 만춘전 동편에, 또 하나는 서운관에 두었고, 나머지 2개는 양계, 즉 함경도와 평안도의 원수영에 나누어 주었다.

고리 위로 계형이 달려 있다. 계형을 통해 해와 별을 관측하며, 세 개의 고리 위에 새겨져 있는 눈금을 세서 시간을 잰다. 일구를 통해 낮 시간을 재며, 성구를 통해 밤 시간을 재었다. 계형과 정극환 양 끝에 난 4개의 구멍에 실을 늘어뜨려 해와 별들을 관측했다. 해를 관측할 때는 두 줄을 쓰고, 별을 관측할 때는 하나만 썼다고 한다. 고리의 가운데 허리 부분의 양쪽에는 두 마리의 용이 북극을 향해서 정극환을 떠받치고 있다. 이밖에 간편한 휴대용으로 소정시의를 만들기도 했다.

신법지평일구 | 서양 역법을 이용한 해시계
신법지평일구란 새로운 서양의 역법에 의해 만들어진 평면 해시계란 뜻이다. 아담 샬의 시헌력법을 이용하여 시간을 알 수

있도록 만든 서양식 해시계이다. 1636년(인조 14) 청나라에 인질로 붙잡혀 갔던 소현세자가 조선으로 돌아오면서 처음으로 가져온 것으로 추정된다. 아담 샬은 독일 출신의 예수회 선교사로 1622년 중국에 도착하여 천주교를 전도하면서 많은 저서를 남겼다. 시헌력은 태음력과 태양력의 원리를 결합하여 24절기의 시각과 하루의 시각을 계산했다.

신법지평일구는 시반면과 시침으로 구성되어 있다. 평평한 모양의 시반면에는 해 그림자의 길이에 따라 시간과 계절을 알 수 있도록 눈금이 새겨져 있다. 시침은 삼각형 모양이며, 삼각형의 빗변이 북극을 향하도록 세워져 있다. 시반면에 그려진 계절선은 13개의 쌍곡선으로 표시되어 있다. 춘분과 추분이 일직선으로 그려져 있고, 남쪽의 맨 아래에 있는 하지선에서 북쪽의 맨 위에 있는 동지선으로 갈수록 곡선의 기울기가 커진다. 시각선은 오전 6시(묘정)부터 오후 6시(유정)까지 해가 떠 있는 낮 시간이 방사선 모양으로 선이 그어져 있다. 현재 시간으로 1시간에 해당하는 초와 정 사이의 시간은 4각으로 나누었다. 예를 들면 오초는 오전 11시이며, 오정은 12시에 해당된다. 오초와 오정 사이를 15분 간격으로 4개의 각으로 나누었다. 이런 방식으로 하루를 24시간×4각=96각으로 나누었다.

신법지평일구의 가장 큰 변화는 하루를 100각으로 나누는 전통적인 시간계산법을 96각으로 나누는 시헌력의 시간계산법으로 바꾼 것이다. 또한 기존의 오목 해시계인 앙부일구와는 달리

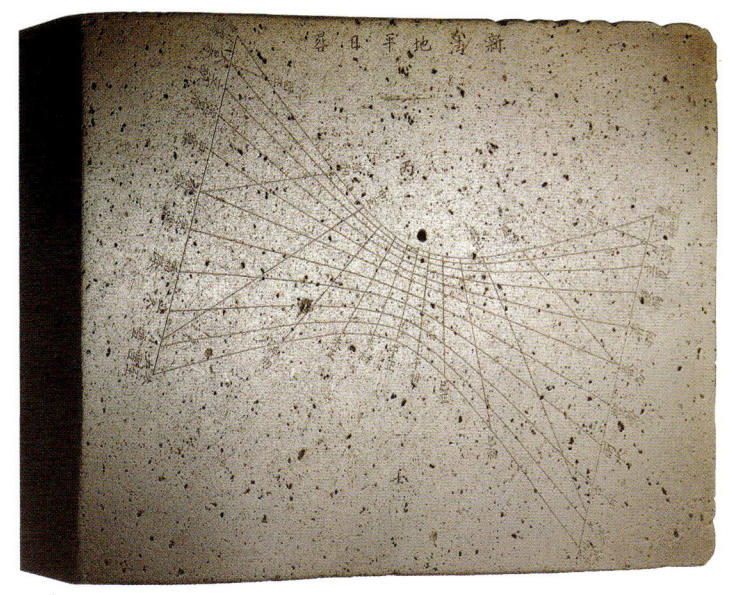

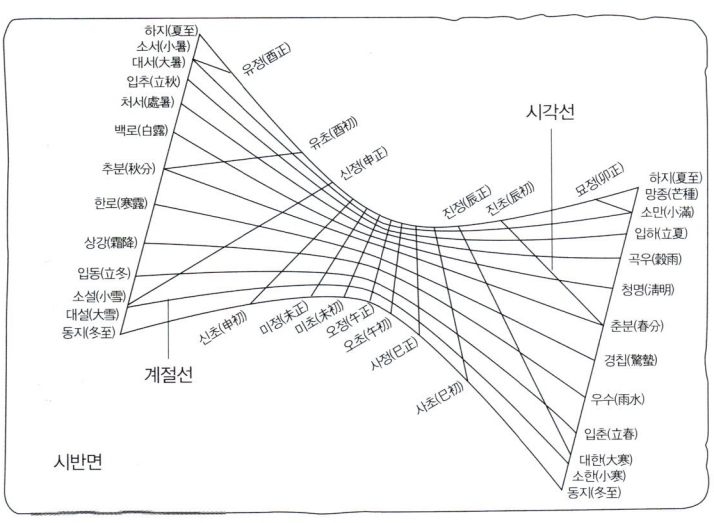

신법지평일구

평면에 시간선과 계절선을 표시한 것도 차이가 있었다.

　지금까지 2개의 신법지평일구가 전해 내려오는데, 흰 대리석으로 만든 '신법지평일구'라는 글씨가 새겨진 해시계는 보물 839호로 지정되었고, 검은 대리석으로 만든 '신법지평일구, 한양북극출지 37도 39분'이라는 글씨가 새겨진 해시계는 보물 840호로 지정되었다. 흰 대리석으로 만든 신법지평일구는 소현세자가 가지고 온 것으로 추정되며, 해시계의 계절선과 시각선이 중국 북경의 위도인 40도에 맞추어져 있다. 반면 검은 대리석으로 만든 신법지평일구는 한양의 북극고도에 맞게 계절선과 시각선을 바꾸었다. 숙종 이전에 만들어진 해시계는 한양의 북

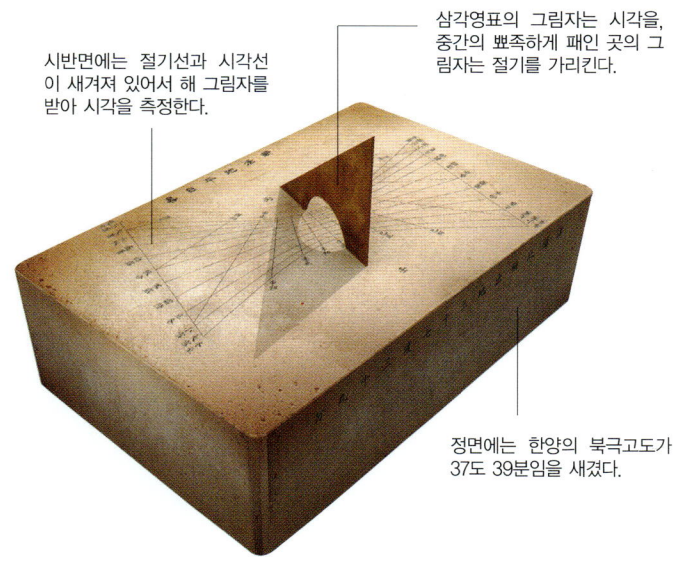

시반면에는 절기선과 시각선이 새겨져 있어서 해 그림자를 받아 시각을 측정한다.

삼각영표의 그림자는 시각을, 중간의 뾰족하게 패인 곳의 그림자는 절기를 가리킨다.

정면에는 한양의 북극고도가 37도 39분임을 새겼다.

신법지평일구

극고도를 37도 20분으로 기준을 삼았으며, 검은 대리석으로 만든 신법지평일구 이후에는 한양의 북극고도가 38도 29분 15초로 바뀌었음을 이 유물을 통해 확인할 수 있다.

간평일구·혼개일구 | 하나의 돌에 새긴 두 개의 해시계

간평일구와 혼개일구는 두 개의 해시계를 하나의 돌에 새긴 것이다. 간평일구와 혼개일구는 우르시스의 『간평의설』(1611)에 소개된 간평의와 마테오 리치의 『혼개통헌도설』(1607)에 소개된 혼개통헌의의 구조와 원리를 응용해서 만들었다.

간평일구는 천구로부터 무한대로 떨어진 지점에서 태양의 궤적을 지평면에 투사한 해시계라고 할 수 있다. 앙부일구를 바로 세운 후 바늘을 빼고 그 모양을 그대로 평면에 투영한 것과 비슷하다. 시각선은 윗부분에 있는 한 점에서 방사형으로 뻗어나갔으며, 그 점의 위치는 앙부일구에서의 천구 북극을 시반면에 투영시킨 것에 해당한다.

혼개일구는 개천설과 혼천설을 통합해 만든 해시계이다. 개천설은 하늘과 땅이 생긴 모양을 대체로 둥근 하늘 아래 평평한 땅이 있다는 방식으로 설명한 것이고, 혼천설은 하늘은 달걀의 껍질과 같고 땅은 노른자위와 비슷한 달걀 모양이라는 주장에서 만들어졌다. 혼개일구는 혼개통헌의와 동일한 투사방식을 적용하면서 투사의 시점을 천구상의 천정점에서 천구의 경위선을 지평면에 투사한 해시계였다. 혼개통헌의는 서양의 평면구형 아스

간평일구·혼개일구

아스트로라베

트로라베를 중국에서 개량한 것이다. 아스트로라베는 천구의 좌
표와 별과 태양의 궤도를 둥그런 판에 그려 넣고, 그 위에 관측
용 시준의를 달아 천체를 관측하고 좌표를 읽어 천체의 정확한
천구상의 위치를 알아내는 기구였다. 혼개일구에는 곡선으로 이
루어진 세로선과 가로선들이 그어져 있다. 세로선으로 시간을
알 수 있으며, 가로선은 계절을 나타낸다. 가운데 바늘의 길이는
원지름의 반이고 그림자의 변화에 따라 시간을 알 수 있다. 또한
절기마다 정오에는 태양의 고도가 달라지기 때문에 계절선에 나
타나는 그림자 길이에 따라 24절기를 알 수 있다.

사진 속의 간평일구·혼개일구에는 서울의 위도 37도 39분 15
초, 황도와 적도의 극거리 23도 29분을 재는 기준으로 하여
1785년에 만들었다는 글이 새겨져 있다.

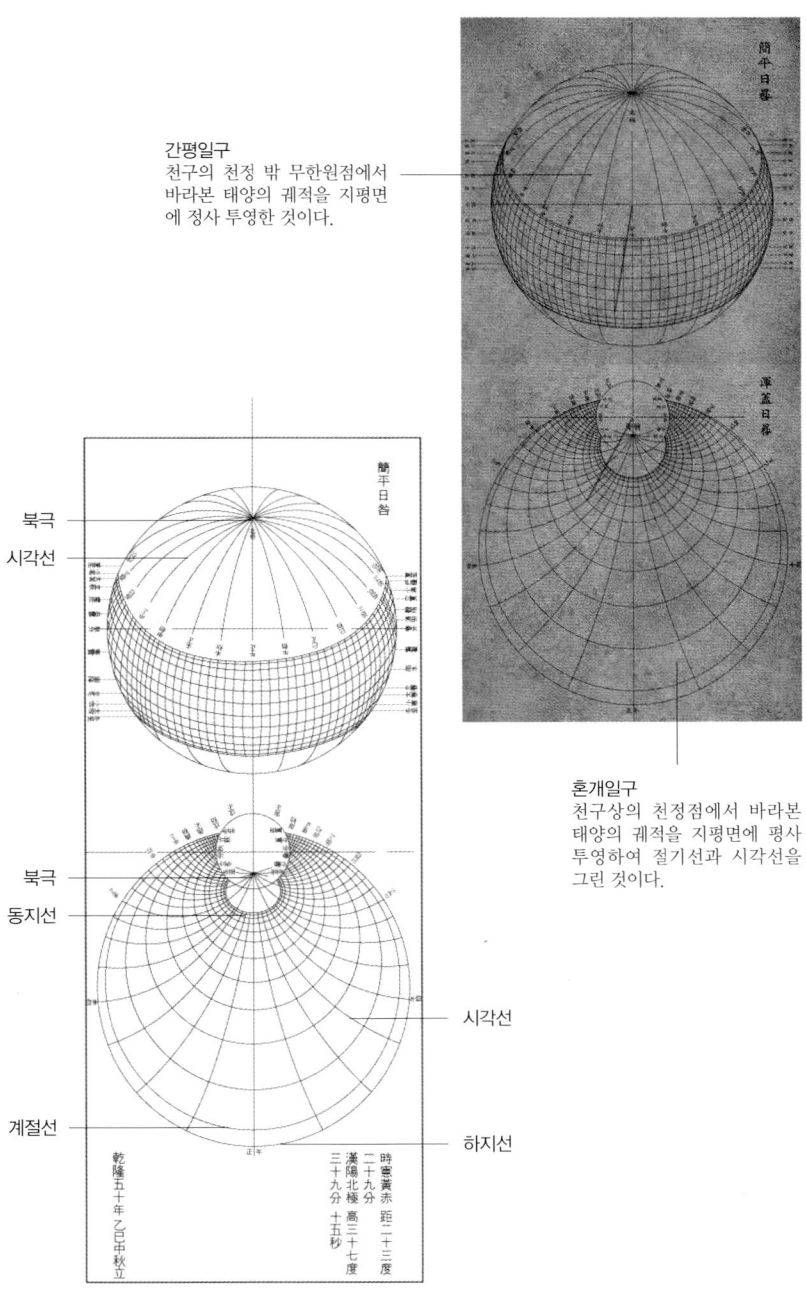

간평일구
천구의 천정 밖 무한원점에서
바라본 태양의 궤적을 지평면
에 정사 투영한 것이다.

북극

시각선

북극

동지선

시각선

계절선

하지선

혼개일구
천구상의 천정점에서 바라본
태양의 궤적을 지평면에 평사
투영하여 절기선과 시각선을
그린 것이다.

물시계로 정확한 시간을 재다

학이와 술이는 타임머신을 타고 조선 시대로 날아가 자격루라
는 물시계를 만든 과학자 장영실을 만나고 돌아왔다.

학이 이렇게 장영실 선생님을 직접 만나 궁금한 것을 여쭤보게
　　되어 정말 기쁩니다. '자격루'라는 물시계를 만드셨는데, '자
　　격루'라는 말이 무슨 뜻인지 알려주세요.

장영실 '자격'이란 힘을 전달하기 위해 사용한 쇠구슬을 가리
　　키는 말이야. 그러니까 자격루는 스스로 소리를 내는 장치를
　　갖춘 물시계라는 뜻이지.

술이 어떻게 이런 물시계를 만들게 되었나요?

장영실 1433년(세종 14) 9월, 세종대왕께서 해가 지고 어두운 밤
　　이나 날이 흐리거나 비가 오는 날에도 시간을 알 수 있는 방
　　법을 찾아보라고 명을 내리셨단다. 세종 임금님의 명을 받은
　　김빈과 나 장영실이 밤낮을 가리지 않고 연구를 해서 물시계
　　를 완성했지.

학이 자격루에 시간을 알리는 재미있는 장치를 만드셨다는 얘
　　기를 들었거든요. 그 장치에 대해 설명해 주세요.

장영실 자격루에는 열두 개의 인형이 들어 있지. 요즘 시간으
　　로 두 시간에 한 번씩 이 인형들이 나타나는 거야. 자시에는
　　쥐 인형, 축시에는 소 인형, 인시에는 호랑이 인형, 묘시에는

210

덕수궁에 남아 있는 중종 때 주조한 자격루 누호. 일제 강점기 때 자격루
현재는 파수호가 어긋나게 배치되어 있다.

『세종실록』에 포함된 김돈이 쓴 「보루각기」에 자격루의 외관, 구조, 작동과정 등이 매우 상세하게 묘사
되어 있어 복원 근거가 되었다.

토끼 인형, 진시에는 용 인형, 사시에는 뱀 인형, 오시에는 말 인형, 미시에는 양 인형, 신시에는 원숭이 인형, 유시에는 닭 인형, 술시에는 개 인형, 해시에는 돼지 인형이 번갈아가면서 나타나지. 너희들도 이 열두 가지의 동물인형이 띠를 상징하는 것을 알고 있을 거야. 그리고 자격루에는 종이 달려 있어서 하루에 열두 번 울리도록 되어 있어. 밤에는 북과 징이 울리지.

학이, 술이 자격루를 만들어 이웃나라까지 이름이 알려진 조선의 과학자 장영실 선생님, 잘 가르쳐 주셔서 고맙습니다.

자격루 | 스스로 소리를 내는 물시계

자격루는 중국과 아라비아의 시계 제작기술을 활용하여 독창적으로 만든 물시계였다. 자격루의 물통과 부전은 송나라 것을 참고해서 만들었으며, 부전을 활용해 시간을 알리는 방식은 아라비아의 과학자 알자자리로부터 영향을 받은 것이다. 또한 지렛대 모양의 격발장치를 이용해 동력을 전달하는 방식은 비잔틴 지역에서 많이 사용하던 것이다.

　김돈은 「보루각기」라는 글을 통해 물시계의 구조와 크기, 그리고 원리에 대해 자세히 기록해 놓았다. 이 기록을 바탕으로 학자 남문현은 자격루의 복원을 시도했다. 자격루는 크게 6개의 물 항아리(파수호, 수수호), 부전, 그리고 자동 시보장치로 이루어진다. 물 항아리는 물을 흘려보내는 4개의 물통(파수호)과 물을

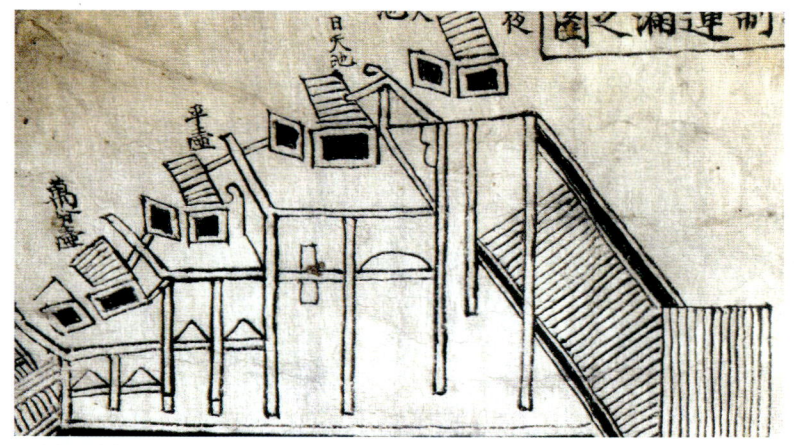

고대의 물시계

받는 물통(수수호) 2개가 있다. 자동 시보장치는 구슬을 굴리게 되어 있는데 눈금표가 새겨진 부전과 네모진 나무로 만든 방목이 있으며 접속통로, 동통 및 철환(쇠구슬)을 떨어뜨리는 기구, 12시 시보장치, 경점 시보장치로 되어 있다. 자동 시보장치는 매우 정교한 기계로 현대의 과학자들도 그 우수성에 대해 크게 주목하고 있다.

(1) 파수호

파수호는 물을 흘려보내는 역할을 하는 물통이다. 크기가 큰 청동으로 만든 대파수호와 크기가 작은 도기로 만든 소파수호가 있다. '대파수호-소파수호' 가 한 짝을 이루어 수수호로 물을 공급했다. 수수호에서 받아들이는 물의 양을 일정하게 유지하기 위해서 파수호를 대파수호와 소파수호로 나누었다.

(2) 수수호

수수호는 물을 받는 항아리를 말한다. 수수호는 날아오르는 용의 형상이 조각되어 있으며, 2개의 물통으로 되어 있다. 2개의 물통을 번갈아 사용하여 파수호에서 보낸 물이 쉬지 않고 흘러들어오도록 했다.

(3) 부전

수수호 안에는 부전이 들어 있었다. 부전은 속이 텅 빈 구리로 된 부표와, 윗부분에 가로쇠가 달린 자로 이루어져 있다. 부전에는 하루를 12시 100각으로 나눈 눈금표가 새겨져 있다.

(4) 방목

방목은 네모난 나무를 말한다. 물이 수수호에 차 오르면 위에 만들어 놓은 방목 안에서 부전이 위로 떠오른다. 방목은 칸막이로 절반을 나누어 왼쪽에는 12시용 구리판을, 오른쪽에는 5경용 구리판을 세워 놓았다. 12시용 구리판에는 12개의 작은 구슬이 달려 있고, 5경용 동판에는 밤 시간을 알리기 위한 25개의 작은 구슬이 달려 있다. 방목 안에서 부전이 떠오르면서 자 끝에 달려 있는 가로쇠가 선반을 밀어 올릴 때 구슬이 떨어지도록 했다.

(5) 시보장치

방목에서 떨어진 구슬들은 깔대기와 구슬 통로를 거쳐 시보장치

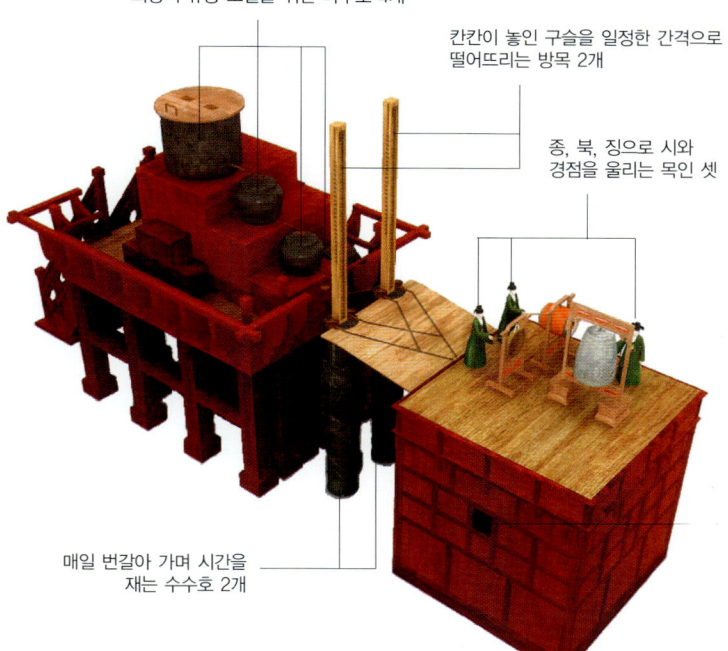

최상의 유량 조절을 위한 파수호 4개

칸칸이 놓인 구슬을 일정한 간격으로 떨어뜨리는 방목 2개

종, 북, 징으로 시와 경점을 울리는 목인 셋

매일 번갈아 가며 시간을 재는 수수호 2개

시패를 들고 나와 시각을 보여주는 12지신

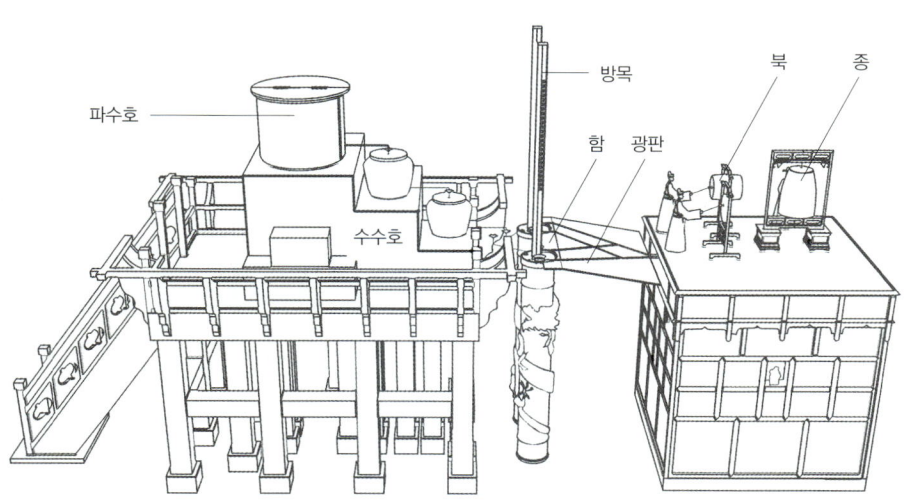

파수호

수수호

방목

함 광판

북   종

자격루

로 굴러 들어간다. 이들 구슬은 시보장치 안에 있는 12시용 구리통과 5경용 구리통으로 흘러간다. 시보장치에는 약 150~200개의 지렛대 장치와 70여 개의 청동구슬이 들어 있던 것으로 짐작된다. 방목에서 떨어져 굴러 들어온 구슬과 시보장치에 있던 구슬은 격발장치를 젖혀서 종을 치게 된다. 시보장치의 위쪽에는 종을 맡은 신, 징을 맡은 신, 북을 맡은 신의 3신이 있으며, 아래쪽 창문에는 12지신 인형이 있다. 12지신 인형은 각각 시간에 맞춰 시간을 알리는 시패를 들고 자동으로 나타난다.

12시용 시보장치가 작동하는 방식은 우선 쇠구슬 방출기구와 연결된 구멍으로 작은 쇠구슬이 빠져나가면서 쇠구슬을 굴렸다. 그 다음에 작은 쇠구슬이 빠진 구멍은 자동적으로 닫혔으며, 큰 쇠구슬은 그 위를 지나 다음 구멍으로 빠졌다. 큰 구슬은 시보장치를 작동하는 원동력이 되어 떨어지면서 지렛대를 건드려 징을 울린다.

옥루 | 세종의 전용 물시계 겸 천문시계

옥루는 임금의 물시계라는 뜻이다. 장영실은 1438년(세종 20) 1월에 세종을 위해 옥루를 만들었다. 세종은 옥루를 보관하기 위해 경복궁에 있는 자신의 침전인 천추전 바로 옆 서쪽에 흠경각을 세웠다. 흠경각은 공경함을 하늘과 같이 하여 백성들에게 24절기와 시간을 알려주는 곳이라는 뜻이다.

옥루는 자격루의 자동 시보장치를 이용한 물시계의 기능뿐만

흠경각. 세종은 장영실이 만든 정교한 자동 물시계 '옥루'를 보관하기 위해 자신의 침전인 천추전 바로 옆에 이 건물을 세웠다.

아니라 하늘의 해, 달, 별을 표시하는 천문시계의 기능을 겸한 세종의 전용 시계장치였다. 자격루의 구조와 기능에 대한 기록이 자세히 남아 있는 것과는 달리 옥루의 구조와 기능에 대한 기록이 남아 있지 않아 자세한 모습을 복원할 수 없는 것이 아쉽다.

조선 시대의 하루는 언제 시작되었을까?

하루는 24시간으로 달력의 가장 작은 최소 단위에 해당한다. 역사 속에서 하루에 대한 개념은 시대와 지역에 따라 서로 달랐다. 이집트와 초기 그리스에서는 해가 뜨는 시간을 하루의 시작으로 보았다. 이와는 달리 바빌로니아와 태음력을 사용했던 중동 민족과 유대인에게는 해가 지는 시간이 하루의 시작점이었다. 한편 초기 아랍인과 움브리아인, 프톨레마이오스 왕조에서는 정오부터 하루가 시작되었다.

그렇다면 조선에서는 언제 하루가 시작되었을까? 조선, 중국, 일본과 기원전 2세기경의 이집트에서는 한밤중에 하루가 시작된다고 생각했다.

『중종실록』에는 1516년(중종 11)에 문소전에서 장순왕후의 새 위패를 봉안할 때 신주에 글자를 쓰는 것은 7월 초나흘 3경 3점에 하고 제사는 초닷새 4경 1점에 행한다고 했다. 또한 『숙종실록』에는 1680년(숙종 6)에 인경왕후가 세상을 떠나서 장례식의 진행절차를 논의할 때 3경 3점은 그 전날이고 3경 4점은 그 다음날에 해당한다고 했다. 유희춘이 쓴 『미암일기』에서도 1571년(선조 4) 8월 22일 신시에 중종의 능에 있는 정자각이 불에 탔는데 처음 보고한 시각이 22일 밤 3경 5점으로서 23일과 엇갈린 때라고 했다.

이처럼 조선 시대의 하루는 한밤중인 자정부터 시작하여 다음날 자정까지였다고 볼 수 있다. 아마 이러한 시간관념은 자시에서 하루가 시작하여 해시에 하루가 끝난다는 중국의 12간지 개념이 한국과 일본에 영향을 미쳤기 때문인 것 같다.

현대 과학은 지구의 자전으로 생기는 하루의 길이는 매일 다르다는 사실을 밝혀냈다. 왜냐하면 지구가 항상 같은 모양으로 자전축을 돌지 않기 때문이다. 2월 15일경의 태양일은 실제로는 24시간 15분으로 가장 길고, 11월 1일경의 태양일은 23시간 44분으로 가장 짧다. 또한 지구의 자전속도가 점차 느려지고 있기 때문에 하루의 길이는 수백 만 년 동안 조금씩 길어져 왔다.

하늘을 우러러 별을 헤아리고
달력을 만들다

조선 시대 임금은 천문학에 깊은 관심이 있었다

학이와 술이는 정조 임금님이 관상감 관리들에게 다음과 같은 명을 내리는 것을 들었다.

"성인은 백성들에게 농사의 적절한 때를 일러주고, 정치를 올바르게 해야 한다. 그러므로 반드시 사람을 신중히 선택하여 임무를 맡을 관원으로 임명해야 하고, 힘써 의기(천문관측기구)를 제작해 천문을 관찰해야 한다."

학이는 관상감이 '천문역산'을 맡는 관청이라고 들었는데, 그 뜻이 궁금해서 관상감에서 일하는 사람에게 물어보았다.

"천문은 하늘의 글월, 하늘의 무늬라는 뜻이야. 역산은 달력을 만들고, 태양과 달의 움직임을 계산하는 것을 말하는 거야. 동양에서는 아주 오래된 옛날부터 천문을 통해 하늘을 해석하고, 그 의미를 읽으려고 노력해 왔거든. 서운관은 바로 이러한 일을 맡아서 하는 관청인데, 날씨를 예측하거나 비가 온 양을 계산하는 일도 한단다."

다시 말해 조선 시대 관상감은 요즘의 천문대와 기상청뿐만 아니라 대학교의 수학과에서 하는 일을 겸하는 곳이었다.

"임금님이 천문학에 깊은 관심을 가져야 할 이유가 있나요?"

술이의 질문에 관상감 관리가 설명하였다.

"천문학은 하늘의 해, 달, 별의 여러 현상을 관찰하여 인간의 운명이나 장래를 점치는 점성술과 관련이 있지. 그래서 왕들은

222

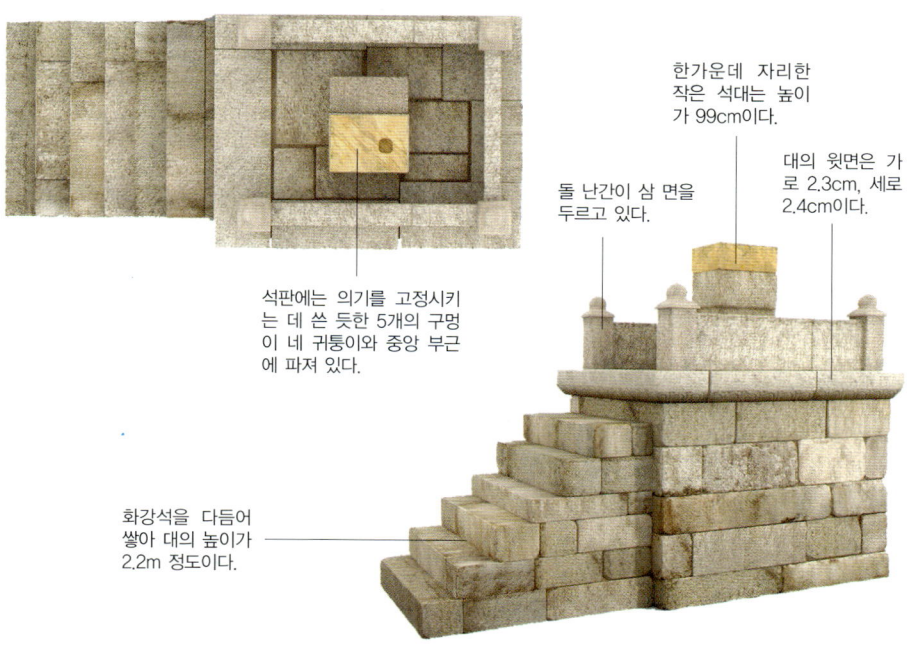

한가운데 자리한 작은 석대는 높이가 99cm이다.

대의 윗면은 가로 2.3cm, 세로 2.4cm이다.

돌 난간이 삼 면을 두르고 있다.

석판에는 의기를 고정시키는 데 쓴 듯한 5개의 구멍이 네 귀퉁이와 중앙 부근에 파져 있다.

화강석을 다듬어 쌓아 대의 높이가 2.2m 정도이다.

창경궁 관천대. 보물 제851호.

천문학자에게 태양과 달의
위치를 관측하여 달력을
만들고, 밤하늘의 별이나
혜성을 관측하도록 명을
내리시는 거야. 관상감에
근무하는 우리는 해가 달
에 가려서 나타나는 일식

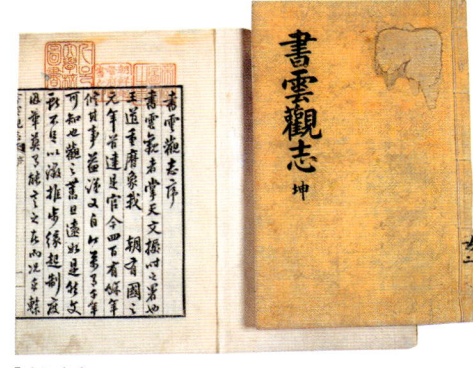
『서운관지』

현상을 미리 알아내는 일도 하지. 만일 일식 예보가 틀리면 우
리는 큰 벌을 받을 수도 있어. 일식을 단순히 자연현상이 아니
라 국가의 흥망과 관련된 천체현상으로 믿기 때문이야.”

“그래서 하늘의 별을 헤아리고 달력을 만드는 일을 아주 중요
하게 여기는군요. 하늘을 관측하는 곳은 어디에 있나요?”

“동궐(창덕궁, 창경궁) 안에 천문기상관측소 역할을 하는 간의대
가 설치되어 있어. 그리고 궁궐 바깥에 관상감이 있는데, 관상감
에도 관천대를 세워 천문관측을 하고 있단다. 관상감에서는 혼
천의(선기옥형), 간의, 규표와 같은 관측기구를 사용하고 있고, 이
런 기구들을 이용해서 천상열차분야지도라는 별자리 지도와
『칠정산 내편』과 『칠정산 외편』이라는 달력을 만들었단다. 서양
역법을 받아들여서 시헌력이라는 달력을 만들기도 했어.”

관상감에서 자세한 설명을 들은 학이와 술이는 다시 타임머
신을 타고 집으로 돌아왔다. 그리고 조선 시대의 천문도와 역법
에 대해 좀 더 자세히 공부하기로 했다.

224

고구려 별자리를 계승하여 천상열차분야지도를 만들다

조선을 건국한 태조는 새 왕조의 권위를 널리 나타내기 위해 권근, 유방택, 권중화 등 신하들에게 고구려의 별자리 그림들을 계승한 천상열차분야지도를 만들도록 지시했다.

천상열차분야지도는 하늘의 별자리를 12차의 분야에 맞춰서 차례로 배열한 그림이라는 뜻이다. '천상'은 하늘의 모양을 뜻하며, 구체적으로 별자리의 모양을 의미한다. '열차'는 하늘의 차수를 나열한다는 뜻으로, 구체적으로 천구를 적도 따라 12차로 나눈 곳에 차례대로 배열했다는 말이다. 천상열차분야지도를 보면 12지를 쥐子부터 시작해서 돼지亥까지 시계 반대 방향

관상감 관천대. 사적 제296호. 옛 관상감 자리 (현재 현대 계동사옥)에 남아 있다.

「동궐도」의 누국 앞에 설치되었던 일성정시의대. 「동궐도」는 창덕궁과 창경궁의 전각 배치를 상세하게 그린 그림이다.

으로 일정한 간격으로 늘어놓았음을 알 수 있다. '분야'는 각 성차마다 지상에 구역을 배정해 놓은 것을 말한다.

권근은 천상열차분야지도가 만들어지게 된 내력을 다음과 같이 적었다.

"고구려가 망할 때 돌에 새긴 천문도가 대동강 물에 빠져 버렸다는 말이 조선 초까지 전해지고 있었다. 그런데 돌에 새긴 고구려 천문도를 인쇄한 그림이 남아 있어서 그것이 고려에 계승되었다. 조선 왕조를 세운 태조는 왕위에 오를 때부터 새로운 천문도를 갖기 바랐다. 그런데 즉위하고 얼마 안 되어 인쇄한 고구려 천문도를 갖다 바치는 사람이 있었다. 태조가 그것을 다시 돌에 새기도록 분부하였다. 그러나 서운관에서는 천문도의 연대가 오래되어 별이 운행하는 정도에 오차가 있으므로 새롭게 관측을 해서 오차를 교정하여 새 천문도를 만들기로 했다."

이렇게 해서 1395년(태조 4) 천상열차분야지도가 다시 돌에 새겨지게 되었다. 권근이 쓴 이와 같은 설명은 그가 남긴 글을 묶은 『양촌집』에 남아 있으며, 돌로 만든 천상열차분야지도에도 새겨져 있다. 태조 때 제작한 천상열차분야지도는 임진왜란을 겪으면서 경복궁이 불에 타 폐허가 되자 방치되었으며, 그러다가 왜란 후 1687년(숙종 13)에 가서 1571년(선조 4)에 만든 목판으로 인쇄한 것을 본으로 하여 천문도를 다시 돌에 새겼다.

많은 사람이 고구려 때 천문도를 만들었다는 권근의 말을 믿지 않았다. 그러나 1998년에 일본 나라현에 있는 기토라 고분

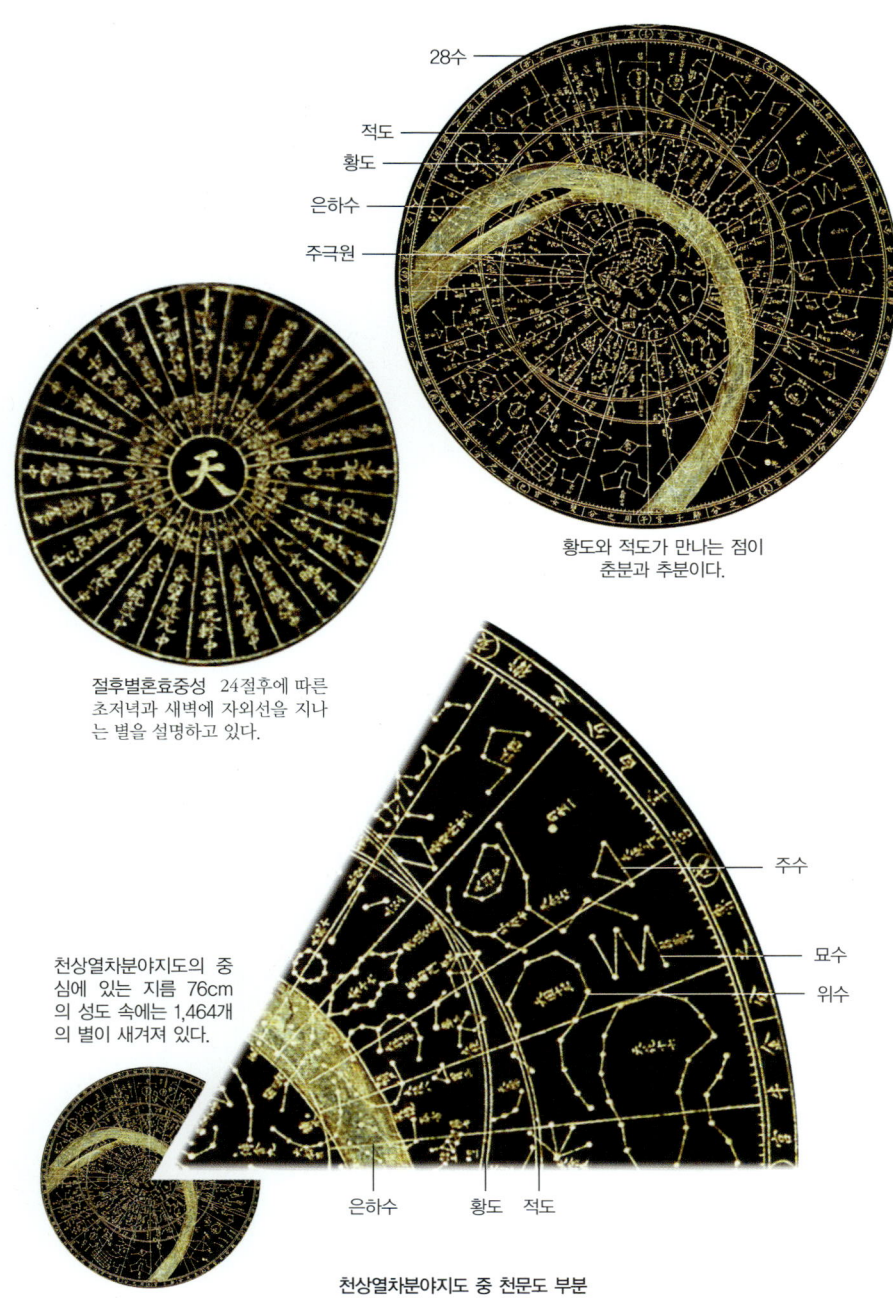

28수

적도

황도

은하수

주극원

황도와 적도가 만나는 점이
춘분과 추분이다.

절후별혼효중성 24절후에 따른
초저녁과 새벽에 자외선을 지나
는 별을 설명하고 있다.

천상열차분야지도의 중
심에 있는 지름 76cm
의 성도 속에는 1,464개
의 별이 새겨져 있다.

주수

묘수

위수

은하수   황도 적도

천상열차분야지도 중 천문도 부분

에서 고구려의 천문벽화가 발견됨으로써 권근의 글이 사실임이 밝혀졌다. 일본인 학자들의 연구에 따라 기토라 고분의 천문벽화의 별자리가 관측된 곳이 평양의 위도(39.0도)와 가까운 북위 38.4도임이 밝혀졌다. 고분이 있는 일본 나라현의 아스카 지역은 북위 34.6도이고, 당시 중국의 수도였던 낙양은 북위 34.6도이다. 당연히 이 별자리 그림은 고구려에서 관측한 것이었다.

기토라 고분은 고구려가 망한 뒤 일본으로 건너간 유민들이 만든 것으로 여겨진다. 이 고분의 천문도에는 4개의 동심원이 그려져 있다. 4개의 동심원은 적도와 황도, 그리고 내규와 외규이며, 이를 기준으로 30여 좌의 별자리에 600여 개의 별을 그렸다.

천상열차분야지도는 어떻게 구성되었을까?

태조 때 돌에 새긴 천문도는 '천상열차분야지도'라는 이름을 가운데 새겼고, 숙종 때 다시 돌에 새긴 천문도는 이름을 맨 위에 적었다. 나머지는 두 천문도의 내용이 모두 같다. 별자리 그림이 그려진 부분의 가장 오른쪽 위에는 12차가 차지하는 폭을 달이 지나가는 길을 따라 만든 28수를 설명했고, 이어서 태양 궤도와 달 궤도 등이 쓰여 있다. 그리고 별자리 그림 바로 위에는 '천天'이라는 글자를 둘러싼 작은 원

조선 태조 때 돌에 새긴
천상열차분야지도

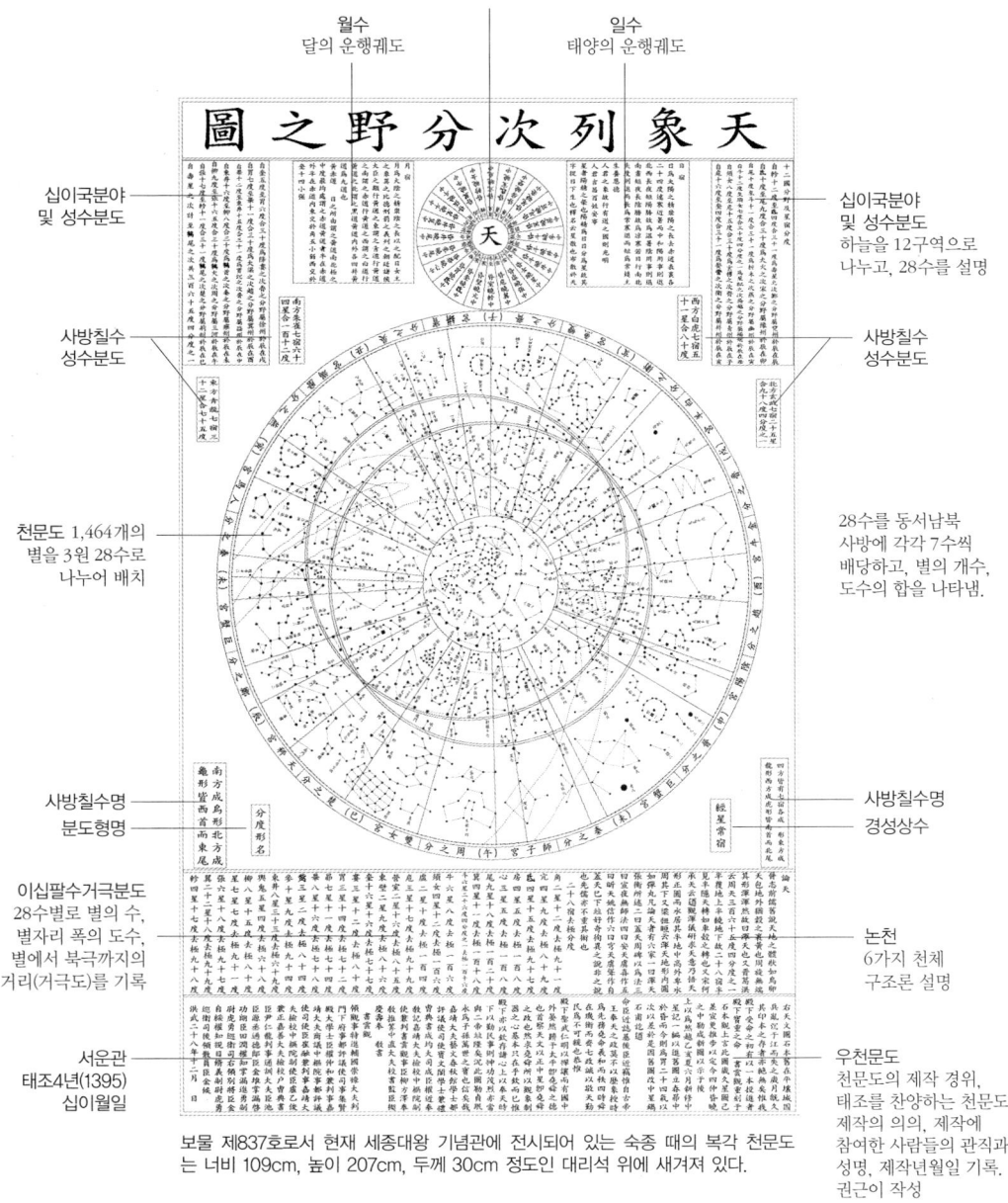

절후별혼효중성 24절후별로
초저녁과 새벽에 자오선을
지나는 28수(중성)를 설명

월수
달의 운행궤도

일수
태양의 운행궤도

십이국분야
및 성수분도

십이국분야
및 성수분도
하늘을 12구역으로
나누고, 28수를 설명

사방칠수
성수분도

사방칠수
성수분도

천문도 1,464개의
별을 3원 28수로
나누어 배치

28수를 동서남북
사방에 각각 7수씩
배당하고, 별의 개수,
도수의 합을 나타냄.

사방칠수명
분도형명

사방칠수명
경성상수

이십팔수거극분도
28수별로 별의 수,
별자리 폭의 도수,
별에서 북극까지의
거리(거극도)를 기록

논천
6가지 천체
구조론 설명

서운관
태조4년(1395)
십이월일

우천문도
천문도의 제작 경위,
태조를 찬양하는 천문도
제작의 의의, 제작에
참여한 사람들의 관직과
성명, 제작년월일 기록.
권근이 작성

보물 제837호로서 현재 세종대왕 기념관에 전시되어 있는 숙종 때의 복각 천문도
는 너비 109cm, 높이 207cm, 두께 30cm 정도인 대리석 위에 새겨져 있다.

으로 절기별 '혼효중성' 을 설명했다. 다시 말해 1년을 24절기로 구분하여 절기마다 초저녁(혼)과 새벽(효)에 자오선 한가운데(남중)에 오는 별인 중성을 기록했다. 혼효중성은 물시계로 잰 시간의 오차를 교정하는 데 쓰였던 아주 중요한 자료이다.

가운데 큰 원으로 된 별자리에는 북극을 중심에 두고, 관측지의 출지도에 따른 작은 원과 태양이 지나는 길인 황도와 남북극 가운데로 적도를 나타내었다. 그리고 황도 부근의 하늘을 12등분하여 눈으로 관찰할 수 있는 1,464개의 별들을 점으로 표시하였다. 원의 둘레에는 28수의 이름과 적도, 수도를 적어 두었다. 또한 각 수의 거성과 북극을 연결하는 선에 의하여 각각의 별의 입수도를 알 수 있는 눈금이 그려져 있다.

천상열차분야지도의 별자리는 크게 3원 28수로 나누어져 있다. 3원은 북극 주변의 자미원, 태미원, 천시원을 말한다. 자미원은 북극 주변의 가장 중심부에 자리 잡고 있으며, 임금이 사는 궁궐을 상징한다. 태미원은 정부종합청사와 벼슬아치를 상징하며, 천시원은 하늘나라의 시장을 뜻한다. 시장에는 푸줏간, 수레가게, 보석가게, 물건의 길이나 양을 재는 도량형들이 있다. 28수는 다시 동서남북 넷으로 나누어 7개씩의 별자리를 배치하였다.

별자리 그림 아래에는 개천설과 혼천설 등 중국의 전통적인 6가지 우주설에 대해 설명했으며, 이어서 28수별로 별의 수, 별자리 폭의 도수, 별에서 북극까지의 거리 등을 기록하였다.

맨 아랫단에는 천상열차분야지도의 제작 경위, 태조를 찬양하는 천문도 제작의 의의, 제작에 참여한 사람들의 관직과 성명, 제작년월일 등을 기록하였다.

천문 관측기계에는 어떤 것이 있었을까?

혼천의(선기옥형) | 가장 이상적인 천문 관측기계

혼천의는 혼천설에 따라 천체를 관측하는 기계로 선기옥형이라고도 부른다. '혼천'이란 둥근 하늘이라는 뜻으로, 하늘의 모양이 둥글고 끝없이 일주운동을 한다는 생각이 들어 있는 명칭이다. 혼천설은 달걀의 껍데기가 노른자를 둘러싸듯이 우주도 하늘이 땅을 둘러싼 모양으로 되어 있다고 주장한 중국 고대의 천문학적 우주관이다. 혼천설은 지구를 중심으로 해, 달, 별들이 움직인다고 주장하기 때문에 천동설에 속한다.

한편 '선기'는 북두칠성 가운데 첫 번째 별에서 네 번째까지의 별을 가리키는 말이다. 옛날 중국 사람들은 하늘을 관찰하기 위해 만든 천체모형을 선기라 불렀다. '옥형'은 옥으로 장식해서 만든 천체를 관측할 수 있는 관을 뜻한다.

조선 시대에는 세종 때부터 혼천의(선기옥형)를 만들었다는 기록이 있으며, 1669년(현종 10)에는 이민철과 송이영이 각각 혼천시계장치를 만들었다. 이민철은 물레바퀴를 동력으로 한 혼천시계장치를 만들었다고 하나 실물이 전하지 않는다. 송이영은 추에 의해 돌아가는 서양 자명종의 톱니장치 원리를 이용하여 혼천시계를 만들었는데, 현재 고려대학교 박물관에 실물이 보존되어 있다.

송이영의 혼천시계는 육합의, 삼신의, 지구의 세 겹으로 이루어진다. 육합의는 제일 바깥에 있는 겹으로 동서남북과 천정, 천저의 6개의 방위를 정하는 장치이다. 삼신의는 가운데에 있는 겹으로 12궁·24절기·28수가 새겨져 있으며, 360등분으로 나뉜 황도단환과 27개의 못으로 나누어 28수를 나타낸 백도단환으로 되어 있다. 지구의는 가장 안쪽에 있는 겹으로 남북극을

시계장치

혼천의

송이영의 혼천시계 국보 230호, 고려대학교 박물관 소장. 혼천시계는 천문시계인 혼천의(왼쪽)와 시계장치(오른쪽)를 결합하여 만들었다.

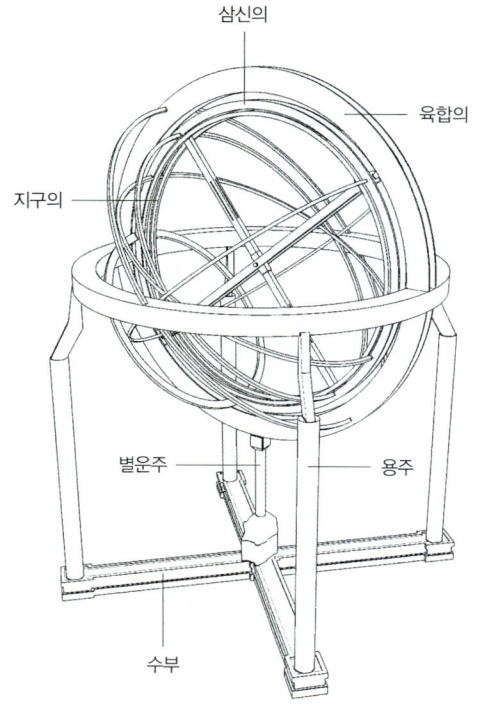

삼신의

육합의

지구의

별운주   용주

수부

삼신환

적도환

사상환

황도환

천운환

삼신의 12궁, 24절기,
28수가 새겨져 있다.

사유환

옥형

직거

사유의(지구의) 남북극을
축으로 하여 1일 1회전한다.

천경환

천위환

지평환

육합의 수평면의 동서남북과
천정, 천저를 정한다.

혼천의

축으로 시계장치에 연결하여 하루에 한 번씩 회전시켰다.

중국 고대의 성인으로 추앙받는 순임금은 혼천의를 이용해 7 정(태양, 달, 화성, 수성, 목성, 금성, 토성)을 다스렸다고 한다. 이러한 전설에 따라 역대 황제와 왕들은 혼천의를 가장 이상적인 천문 관측의기로 생각했다. 그러나 실제로는 구조가 매우 복잡해서 천체를 관측하는 데는 불편한 점이 많았기 때문에 편리하게 간 소화한 간의를 많이 사용했다.

간의 | 간소화한 혼천의

간의는 간단한 관측기계라는 뜻이다. 중국 원나라의 천문학자 곽수경은 구조가 복잡해서 천체를 관측하기에 불편했던 혼천의 를 편리하게 간소화한 간의를 만들었다. 혼천의를 구성하는 부 품 중에서 적도환, 백각환, 사유환만을 따로 떼어내 간략하게 만들어 실용적으로 쓰게 하였다. 또한 혼천의에서 황도좌표계 를 떼어내고 적도좌표계만 사용했다.

적도환은 천체의 한 바퀴를 365도 1/4로 나누어 동서로 운전 하면서 천체의 외관입수도를 쟀다. 외관입수도란 각 거성을 기 준으로 거성에서 떨어진 각거리를 말한다.

백각환은 하루의 시간을 100각으로 나누어 읽을 수 있도록 눈 금을 새긴 둥근 고리를 말한다. 조선 초에는 『칠정산 내편』에 따 라 하루를 100각으로 나누었으나 1653년 이후 서양의 시헌력을 도입한 이후에는 하루를 96각으로 나누었다.

후극환 천구의 북극을 맞추는 데 이용

규형 상하로 움직이면서 천체 관측

사유환 360도 회전하면서 천체의 거극도 측정

계형 별 2개 사이의 각도 측정

백각환(바깥쪽) 하루의 시간을 100각으로 나눈 눈금

적도환(안쪽) 28수 입수도의 총 3,663개 눈금

남운가주

북운가주

입운환 천체의 지평고도 측정

지평환 천체의 24방위를 알려주는 장치

간의

사유환은 적도환과 직각을 이루며 교차하며, 남북극을 축으로 하여 동서로 회전하게 되어 있다. 사유환으로는 거극도를 쟀다. 거극도는 북극을 기준으로 하여 북극으로부터 적도로 이어져 남극방향으로 떨어진 각거리를 말한다. 사유환 안에는 규형이 있어 상하로 움직일 수 있다.

규형은 별을 관측할 수 있는 속이 비어 있는 통을 말한다.

규표 | 바늘구멍 사진기 원리를 이용한 시계

규표는 눈금판(규)과 기둥(표)이라는 뜻이다. 규표는 태양이 남쪽의 한가운데로 올 때, 수직 기둥이 만들어 낸 그림자의 길이를 눈금판으로 재는 장치이다.

1437년(세종 19) 4월, 규표를 만들어 간의대 서쪽에 설치했다. 푸른 빛깔을 띤 응회암으로 규를 만들었으며, 표는 구리로 만들었다. 원나라의 곽수경이 만든 규표를 본떠 만든 세종 때의 규표는 전해오는 것이 없다. 하지만 옛 기록에 근거하여 실제 크기의 1/10로 축소한 규표를 여주의 세종대왕 영릉에 복원했다. 조선 시대 사람들은 규표를 이용하여 1년의 길이와 절기의 시각 등 태양의 운동에 대한 보다 정확한 정보와 값을 얻을 수 있었다.

규표의 구조를 보면, 기둥과 눈금판 외에도 해 그림자의 초점을 정확하게 맞추기 위한 영부와 횡규, 그리고 계선이 있다. 영부는 눈금판 위에 있으며, 횡규와 계선은 기둥 위에 설치되어 있다. 횡규는 기둥 위에 가로로 놓인 판으로 가운데 구멍이 뚫려 있다. 계선은 횡규를 가로지르는 철선을 말한다.

횡규의 구멍과 영부의 구멍을 통과한 햇빛이 눈금판 위를 비추고, 햇빛을 반으로 나눈 계선의 상이 눈금판 위에 맺힌다. 이렇게 초점을 정확하게 맞춤으로써 그림자 끝부분이 흐려져서 눈금을 정확하게 읽을 수 없던 문제점을 해결했다. 영부, 횡규, 계선을 이용한 초점 맞추기는 바늘구멍 사진기의 원리와 똑같다.

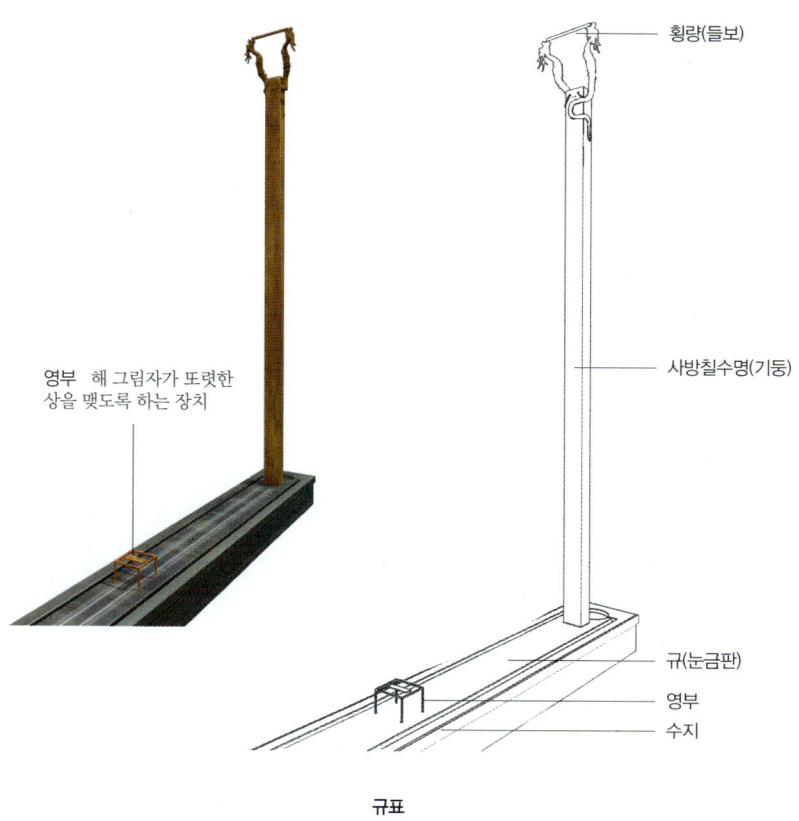

규표

바늘구멍 사진기의 원리

바늘구멍 사진기는 빛이 직진하여 그림자를 만드는 성질을 이용하여 만들었다. 바늘구멍 사진기는 그림자와 반대로 바늘구멍으로만 빛이 통과하고 나머지 가려진 부분으로는 빛이 통과하지 못한다. 바늘구멍 사진기 안쪽의 필름(거름종이)에는 상하 좌우가 바뀐 상이 맺히게 된다. 바늘구멍이 작을 때는 선명한 상을 맺으나, 상이 어둡다. 바늘구멍이 클 때는 상은 밝아지지만, 대상물의 각 점이 구멍 크기만큼 확대되기 때문에 상이 흐려진다.

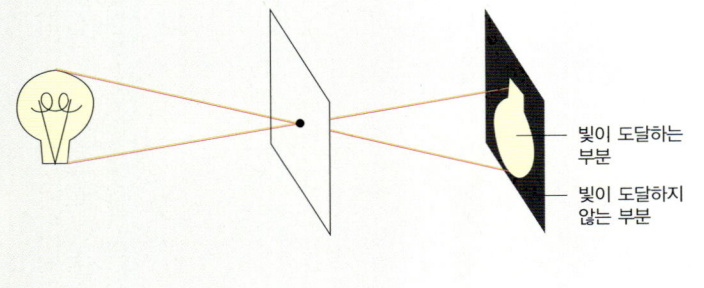

빛이 도달하는 부분

빛이 도달하지 않는 부분

왜 시대에 따라 달력과 역법이 바뀌었을까?

아주 오랜 옛날부터 사람들은 태양의 움직임과 달의 크기 변화에 따라 달력을 만들기 시작했다. 달력은 1년을 날짜와 월과 주로 나누고 그 표를 인쇄한 것이다. 달력을 만들기 위해서는 역법이 필요하다. 역법은 시간을 구분하여 하루하루의 날짜, 1개월, 1년의 순서를 매겨 나가는 방법을 말한다.

'하루' 또는 '1일'이라는 말 속에는 해가 떴다가 진 다음에 다시 해가 뜨기까지 걸리는 시간이라는 의미가 들어 있다. '한 달'이라는 말에는 달의 모양이 오른쪽으로 휘어진 눈썹 모양의 초승달에서 상현달과 보름달로 바뀐 다음, 왼쪽으로 휘어진 눈썹 모양에서 하현달과 그믐달로 바뀌는 데 걸리는 시간이라는 뜻이 들어 있다. '한 해' 또는 '1년'이라는 말 속에는 태양이 봄, 여름, 가을, 겨울의 4계절을 한 바퀴 도는 시간이라는 뜻이 들어 있다.

반면 1주일은 자연적인 단위가 아니라 인위적인 단위에 해당한다. 60진법을 사용하던 바빌로니아 사람들은 5일을 주기로 날짜를 구분했다. 한국, 중국, 일본 사람들은 옛날에는 한 달을 10일 주기로 상순, 중순, 하순으로 구분했다. 바빌로니아 남부에 있던 칼데아 사람들이 가장 먼저 7일을 1주일로 정했으며, 기독교와 이슬람교가 이러한 인위적인 날짜 단위를 받아들임으로써 주간 계산이 널리 쓰이게 되었다.

서기, 단기, 불기와 같은 연대표기법도 자연적인 단위가 아니라 인위적인 단위에 해당한다. 서기는 예수가 태어난 해를 기준으로 연대를 표기하는 방법이고, 단기는 우리 민족의 시조로 일컬어지는 단군왕검이 고조선을 세워 왕위에 올랐다고 전해지는 해를 기준으로 연대를 표기하는 방법이다. 불기는 부처가 열반에 든 해를 기준으로 연대를 표기하는 방법이다.

조선 시대에는 중국 명나라와 청나라 황제의 연호가 공식 연대를 표기하는 방법으로 사용되었고, 일제 강점기 때는 일본 천황의 연호를 사용하기도 했다. 해방 이후에는 단기를 공식 연호

로 사용하다가 1962년 1월 1일부터 서기를 공식 연호로 사용하
고 있다.

　이처럼 왕이 바뀌거나 새로운 국가를 세우게 될 때마다 달력
과 역법이 바뀌었다. 하루와 한 해의 길이를 재는 것은 과학이지
만 1주일이나 한 달을 며칠로 할 것인지, 1년을 몇 달로 나눌 것
인지, 연도 표기를 어떤 방식으로 할 것인지는 정치권력에 의해
결정되었다.

조선의 역법

『칠정산 내편』 | 서울의 위도에 맞는 조선의 역법

'칠정산'이란 7개의 움직이는 별을 계산한다는 뜻이다. 7개의
별은 해와 달, 수성, 금성, 화성, 목성, 토성을 말한다.

　세종은 1431년(세종 13) 정흠지, 정초, 정인지, 이순지, 김담
등에게 원나라의 과학자 곽수경이 완성한 수시력을 바탕으로
서울의 위도에 맞는 조선의 역법을 새롭게 만들라고 명했다. 수
시력은 고려 말 충선왕 때 원나라에서 들여왔다. 태조는 조선을
개국하면서 명으로부터 대통력을 받았는데, 대통력도 수시력에
뿌리를 둔 역법이었다.

　조선의 학자들은 북한산에 올라가 한양의 북극고도를 계산하
고, 1년의 길이와 1달의 길이를 계산하는 등 10년에 걸쳐 새로

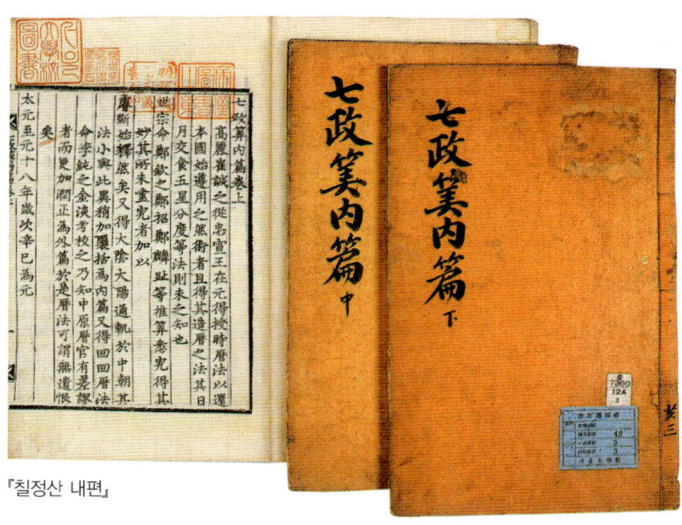

『칠정산 내편』

운 역법을 완성했다.

3권으로 엮인 『칠정산 내편』에는 천체운행의 기본수치, 달력으로 정해지는 날짜, 태양, 태음, 자오선에 남중하는 행성, 일식과 월식, 오성(수성, 금성, 화성,목성, 토성), 4개의 가상적인 천체, 서울을 기준으로 매일 해 뜨는 시각과 해 지는 시각, 밤낮의 시각표가 들어 있다.

『칠정산 내편』에서는 서울의 북극고도를 38도 1/4로 계산했는데, 이것을 지금의 도수로 바꾸어 계산하면 37도 41분 76초가 된다. 그리고 1년의 길이는 365.2425일, 1달의 길이는 29.530593일로 정했다. 이러한 정확한 측정값을 낼 수 있었기 때문에 일식과 월식이 일어나는 날과 시각을 미리 알아낼 수 있었다.

『칠정산 외편』 | 이슬람 역법을 더욱 발전시킨 역법

『칠정산 외편』은 중국 과학자들이 이슬람 역법을 바탕으로 해서 엮은 회회력법을 조선에서 더욱 발전시킨 역법책이다. 회회回回는 위구르족의 한자 이름이다. 몽고족은 바그다드, 러시아, 중앙아시아, 중국에 이르는 대제국을 건설했다. 칭기즈 칸이 죽은 후 갈라진 4개의 칸국 중 대칸국이 이름을 바꾼 원나라에서 이슬람의 역법이 발달했다. 이슬람 역법은 140년경 프톨레마이오스가 그리스의 천문학을 집대성한 『알마게스트』를 더욱 발달시킨 것이었다.

　『칠정산 외편』은 태양, 태음, 일식과 월식, 오성(수성, 금성, 화성, 목성, 토성), 태음오성능범(달과 오행성이 별을 가리는 현상) 등의 내용으

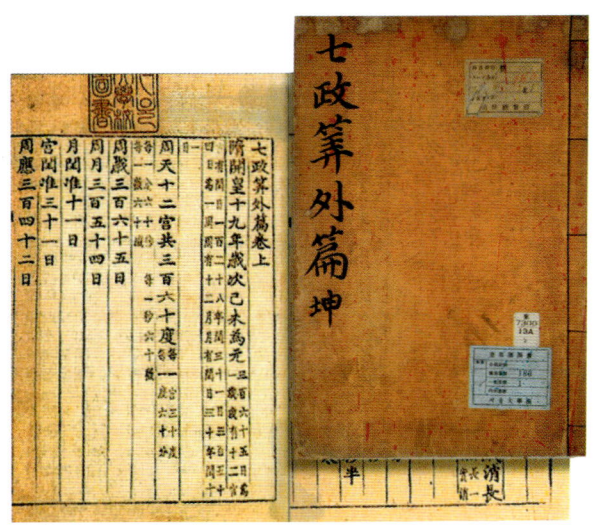

『칠정산 외편』

242

로 구성되어 있다.

『칠정산 외편』과 『칠정산 내편』은 각도의 표시법이 서로 달랐다. 『칠정산 내편』에서는 중국의 전통에 따라 원주를 365.25도, 1도를 100분, 1분을 100초로 잡았다. 그러나 『칠정산 외편』에서는 그리스의 전통에 따라 원주를 360도, 1도를 60분, 1분을 60초로 바꾸어 계산했다. 『칠정산 외편』의 각도 표시법은 지금도 사용하고 있다.

『칠정산 외편』은 1년의 시작점을 춘분점에 두었다. 반면 중국에서는 전통적으로 동지점을 1년의 시작점으로 삼았다. 그리고 1년의 길이를 365일로 했으며, 128년마다 한 번씩 31일의 윤달을 두었다. 1년을 354일로 했으며, 30년마다 한 번씩 11일의 윤일을 더 계산했다.

시헌력 | 서양 역법을 수용한 중국의 역법

신성로마제국(독일) 출신의 탕약망은 천주교 포교를 위해 명나라 말부터 청나라 초까지 중국에서 활약했다. 탕약망은 중국식 이름이고, 원래 이름은 요한 아담 샬 폰 벨이다.

탕약망은 병자호란으로 청나라에 포로로 잡혀간 소현세자와 친하게 지냈으며, 소현세자가 귀국할 때 천주교 서적, 천문·역법, 지구의, 천주상 등을 선물했다. 또 서양의 수치와 계산방법을 이용하여 서광계와 함께 숭정역법을 만들었다. 시헌력은 숭정역법을 교정한 것이다.

청나라에서는 1636~37년부터 시헌력을 공식적으로 사용하기 시작했으며, 조선에서는 1644년(인조 22) 김육이 인조에게 시헌력을 사용하자고 건의하여 1653년(효종 4)부터 시행하였다.

김육은 효종에게 아뢰었다.

"서양인 탕약망이 시헌력을 만들어 명나라의 마지막 황제 의종이 통치하던 숭정 초년에 그 법을 한문으로 번역했습니다. 이후 청나라가 시헌력을 썼습니다. 제가 관상감제조가 되었을 때 시헌력을 학습할 것을 건의하여, 1646년(인조 24)에 연경에 사신을 보내면서 역학 전문가 2명을 함께 파견하여 탕약망에게 배우게 하려 했습니다. 그러나 출입금지 조치가 엄해 출입조차 할 수 없어서 다만 역서만을 가지고 돌아왔습니다. 그 책들을 김상범 등으로 하여금 정밀하게 조사하고 연구하도록 해서 이제 그 내용을 알게 되었습니다. 또 1651년(효종 2)에 김상범을 파견해 선물을 바치면서까지 청나라 흠천감에서 그 역법을 배워 오도록 했습니다. 1653년(효종 4)부터는 시헌력에 근거하여 우리나라의 새로운 역서를 만들었습니다. 그러나 오성법은 아직도 배워 오지 못했습니다."

1708년(숙종 34) 관상감에 근무하던 허원이 청나라에 사신으로 들어가 『시헌법 칠정표』를 흠천감에서 얻어오면서 처음으로 시헌력 오성법을 쓸 수 있었다. 1744년(영조 20)에는 새롭게 펴낸 『역상고성후편』의 법에 따라 역법을 바꾸어 썼다.

『역상고성후편』은 예수회 선교사 쾨글러가 청나라 옹정황제

244

의 칙명을 받고 케플러의 타원궤도설과 카시니의 관측자료를 바탕으로 1742년(영조 18)에 새롭게 펴낸 역법책을 말한다. 1782년(정조 6)에는 서운관에서 시헌력에 바탕을 두고 천세력을 작성했다. 그러나 1894년(고종 31)부터는 서양의 태양력을 사용하기로 결정함에 따라 시헌력은 조선의 공식 역법 지위를 잃게 되었다.

시헌력을 사용하면서 가장 큰 변화는 하루를 100각에서 나누던 전통 방식을 버리고, 하루를 96각으로 나누기 시작한 것이다. 시헌력을 사용하기 전에는 『칠정산 내법』에 따라 시간을 계산했기 때문에 하루를 100각으로 나누었다. 당시 1각은 100분으로 나누었으므로 하루는 10,000분이 되었다. 하지만 1653년 이후 서양의 시헌력을 시행했기 때문에 하루 12시간을 96각으로 나누었다. 이에 따라 앙부일구를 비롯한 모든 시간 관측기구의 표준도 바뀌게 되었다.

서양의 역법

최고의 책 『알마게스트Almagest』

『알마게스트』는 아랍어로 '최고의 책'이라는 뜻으로, '위대한 논문', '위대한 천문학자' 등으로도 불렸다. 이 책은 그리스의 천문학을 집대성한 것으로 2세기경에 알렉산드리아의 천문학자 프톨레마이오스가 편찬했다. 9세기에 아랍어로 번역되었고, 12세기 후반에 아랍어에서 라틴어로 다시 번역되었다.

이슬람 사람들은 『알마게스트』를 더욱 발전시켜 이슬람 역법을 만들었다. 『알마게스트』의 내용은 유럽과 아시아 대륙에 걸친 대제국을 건설한 원나라에 전해졌으며, 고려에도 알려졌다.

『알마게스트』는 천동설에 바탕을 둔 천문학 책이다. 천동설은 지구가 우주의 중심이기 때문에 움직이지 않으며, 지구의 둘레를 달·태양·수성·금성·목성·토성 등의 행성들이 공전한다는 주장이다. 이 책에서는 천동설에 근거해 해와 달의 위치, 일식·월식, 5행성(수성, 금성, 화성, 목성, 토성)의 위치와 여러 천문현상을

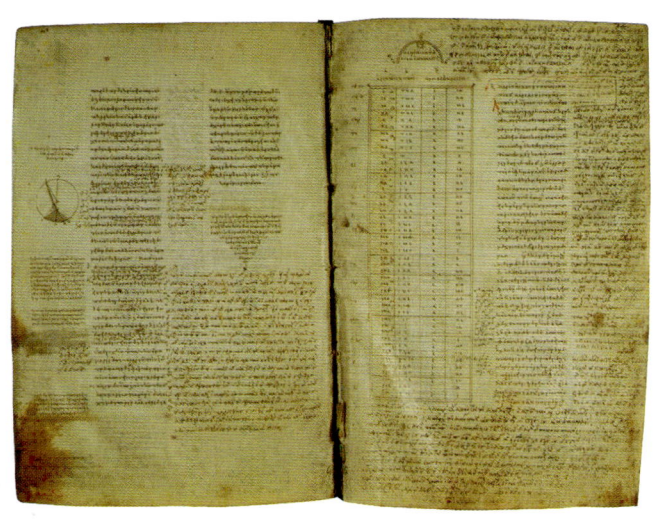

프톨레마이오스의 『알마게스트』

계산하고 설명했다. 별의 광도를 6등급으로 나누는 것도 이 책에서 시작되었다.

프톨레마이오스의 천동설은 16세기에 코페르니쿠스가 지동설을 발표할 때까지 약 1,400년 동안 서양의 우주관을 지배했다. 코페르니쿠스는 태양이 우주의 중심이고 지구가 태양 주위를 돌고 있다고 주장했다. 코페르니코스 이후 갈릴레이, 케플러, 뉴턴 같은 학자들이 과학적 증명을 통해 지동설이 옳았음을 밝혀내었다.

아라비아의 역법 회회력

회회력은 고대 그리스의 『알마게스트』를 바탕으로 만든 아라비아의 역법으로 원나라 때 중국에 전래되어 명나라 때까지 쓰였다. 일식과 월식의 계산법에서는 수시력보다 우수했다.

1796년(정조 20)에 편찬된 『국조역상고』에서는 회회력을 다음과 같이 설명했다.

"회회력은 태음년 체제로서 절기를 고려하지 않고 12달을 1년으로 하였는데 '동적월動的月'이라 부른다. 30년에 11일의 윤일을 두었으나 윤달을 두지 않아 항상 12개월이 1년이 된다. 윤일이 없으면 1년은 354일이 되었고, 윤일이 있으면 355일이다."

태음년은 보름달과 그믐달의 모양을 기준으로 만든 달력을 말한다. 1년이 354일 또는 355일로서 태양년보다 10~11일 짧다. 그래서 태음태양력에서는 몇 년에 한 번씩 윤달을 두고 13달의 1년을 만들어 계절과 맞추고 있다. 우리가 쓰는 음력은 태음력과 태양력을 절충한 태음태양력을 말한다. 한편 백양은 황도 12궁의 하나인 백양자리를 말하며, 양력 3월 21일~4월 20일에 해당된다.

| 도판 자료 출처 |

조선 궁중 과학기술관-천문
http://cheonmun.culturecontent.com/
4, 143(아래), 187, 193, 195, 197,
201, 205, 207, 209, 211(왼쪽 위),
215, 221, 223, 227, 228, 229, 233,
235(위), 237

한국전통도량형
http://pyojun.culturecontent.com/
122, 123, 140, 141, 142, 143(예기척, 포
백척), 144, 148, 149, 150, 151, 154,
155

디지털 우리 술문화
http://koreanliquor.culturecontent.
com/
50, 51, 53(콩 제외), 60, 68, 69, 71, 73,
74, 75

화성 의궤 이야기
http://hwaseong.culturecontent.com/
40, 41, 42, 43, 44, 45, 46, 47, 48, 49

한국목조건축
http://mokjo.culturecontent.com/
11, 14, 22(토축 기단 제외), 23, 25, 28,
29, 31, 32

조선시대 식문화 원형
http://joseonfood.culturecontent.com/
53(콩), 54, 55, 78, 80, 81

한의학 및 한국 고유의 한약재
http://herb.culturecontent.com/
93, 118, 119, 120, 121

한국전통건축 DB
http://goarch.culturecontent.com/
15(왼쪽), 27, 37

사이버 전통 한옥마을 - 옛집
http://yetzip.culturecontent.com/
10, 17, 18, 19

한국의 산성
http://sansung.culturecontent.com/
35

한국의 풍수지리
http://fengshui.culturecontent.com/
157

『천문 - 하늘의 이치·땅의 이상』(국립민속
박물관)
186, 200, 202, 204(아래), 211(왼쪽 위),
213, 220, 224, 225(왼쪽), 235(아래),
241, 242

『민족문화대백과사전』
63(위), 65(1번), 84, 98, 104, 107, 116

『우리가 정말 알아야 할 우리 음식 백가지』
63(중간, 아래), 67, 88, 91

문화원형 창작소재 활용가이드북

(주)현암사는 한국문화콘텐츠진흥원과 손잡고 문화원형 창작소재 활용가이드북을 출간합니다. 이 시리즈는 한국문화콘텐츠진흥원이 구축한 문화원형 디지털콘텐츠 사이트를 기반으로 다음과 같은 사항을 염두에 두고 만들었습니다.

– 우리 문화원형에 대한 독자의 관심 증대
– 단순한 편집에서 벗어난 생생하고 입체적인 구성
– 온라인의 문화원형콘텐츠를 쉽게 접하고 이해할 수 있는 계기 마련
– 창작소재로서의 문화원형콘텐츠 가치 제고

문화원형 디지털콘텐츠 사이트는 원천자료인 2D 이미지, 원천자료를 기반으로 만들어진 3D 모델, 이해를 돕기 위해 만들어진 각종 일러스트와 플래시 애니메이션 등으로 구성되어 있습니다. 수많은 자료 중 각 권의 주제와 관련된 자료를 모아 정리한 후 부족한 부분을 보완하며 유기적으로 구성했습니다. 특히 디지털로 만들어진 콘텐츠를 책으로 옮기는 과정에서 기존 디지털콘텐츠의 장점을 살리면서 인쇄 매체에 효과적으로 어울리도록 초점을 맞추었습니다.

  아무쪼록 독자 여러분이 문화원형콘텐츠에 대한 관심을 넓히는 데 이 책이 디딤돌의 역할을 했으면 하는 바람입니다.

『조선의 과학기술』에 사용한 주요 문화원형콘텐츠

조선 궁중 과학기술관 – 천문 cheonmun.culturecontent.com
천문 기구 구조 일러스트 이미지, 사진

한국전통도량형 pyojun.culturecontent.com
전통 도량형 동영상, 사진

디지털 우리 술문화 koreanliquor.culturecontent.com
술 양조 과정과 재료 사진

화성 의궤 이야기 hwaseong.culturecontent.com
수원 화성 사진, 일러스트 이미지

한국목조건축 mokjo.culturecontent.com
목조건축 부재 3D 이미지, 사진

조선시대 식문화 원형 joseonfood.culturecontent.com
식재료 사진

한의학 및 한국 고유의 한약재 herb.culturecontent.com
전통 한의학 도구 3D 플래시

한국전통건축 DB goarch.culturecontent.com
전통 건축 사진

사이버 전통 한옥마을 – 옛집 yetzip.culturecontent.com
한옥 사진

한국의 산성 sansung.culturecontent.com
산성 유적 사진

한국의 풍수지리 fengshui.culturecontent.com
풍수지리설 설명 일러스트 이미지

문화원형 디지털콘텐츠 사이트 안내

전통 문화의 여러 테마를 디지털로 재구성한 문화원형 디지털콘텐츠를 한국문화콘텐츠진흥원의 문화콘텐츠닷컴(www.culturecontent.com)에서 만나볼 수 있습니다.

| 신화, 전설, 민담, 역사, 문학 등의 이야기형 소재 |

게임/만화/애니메이션 및 아동 출판물 창작소재로서의 암행어사 기록 복원 및 컨텐츠 제작
amhang.culturecontent.com

고대국가의 건국설화 이야기
sulhwa.culturecontent.com

고대에서 조선시대까지, "정변(政變)" 관련 문화콘텐츠 창작소재화 개발
jeongbyeon.culturecontent.com

고려사(高麗史)에 등장하는 인물유형의 디지털콘텐츠화
goryeo.culturecontent.com

고려인의 러시아 140년 이주 개척사를 소재로 한 문화원형 디지털콘텐츠 개발
kosa.culturecontent.com

구전신화의 공간체계를 재구성한 판타지콘텐츠의 원소스 개발
koreamyth.culturecontent.com

국가문화상징 무궁화의 원형자료 체계화와 문화콘텐츠 개발
mugung.culturecontent.com

근대 기생의 문화와 예술에 대한 디지털콘텐츠화
kisaeng.culturecontent.com

근대 대중문화지에 실린 '야담'을 통한 시나리오 창작소재의 개발
yadam.culturecontent.com

근대 토론문화의 원형인 독립신문과 만민공동회의 복원
independent.culuturecontent.com

문화산업 창작소재로서의 신라화랑 콘텐츠 개발
hwarang.culturecontent.com

민족의 영산 백두산 문화상징 디지털콘텐츠 개발
backdoo.culturecontent.com

바다 속 상상세계의 원형 콘텐츠 기획
dragonpalace.culturecontent.com

불교설화를 통한 시나리오 창작소재 및 시각자료 개발
buda.culturecontent.com

『삼국사기(三國史記)』 소재 역사인물 문화콘텐츠 개발
samguksagi.culturecontent.com

〈삼국유사〉 민간설화의 창작공연 및 디지털콘텐츠화 사업(연오랑과 세오녀)
yor.culturecontent.com

삼별초 문화원형에 기반한 디지털콘텐츠 개발
jejukipa.culturecontent.com

서사무가 "바리공주"의 하이퍼텍스트 만들기 및 그 샘플링 개발
    bahrie.culturecontent.com
신화의 섬, 디지털제주 21 : 제주도 신화 전설을 소재로 한 디지털콘텐츠 개발
    jeju.culturecontent.com
어린이 문화 콘텐츠의 창작 소재화를 위한 전래동요의 디지털콘텐츠 개발
    kidssong.culturecontent.com
오방대제와 한국 신들의 원형 및 인물 유형 콘텐츠 개발
    obang.culturecontent.com
우리 성(性)신앙의 역사와 유형, 실체를 찾아서
    edumr.culturecontent.com
우리 역사 최초의 여왕, 선덕여왕의 드라마 중심 스토리 개발
    seondeok.culturecontent.com
우리 장승의 디지털콘텐츠 개발
    jangseung.culturecontent.com
우리 저승세계에 대한 문화콘텐츠 개발
    koreaunderworld.culturecontent.com
조선 후기 여항문화(閭巷文化)의 디지털콘텐츠 개발
    yeohang.culturecontent.com
조선시대 검안기록을 재구성한 수사기록물 문화콘텐츠 개발
    egurman.culturecontent.com
조선시대 기녀 문화의 디지털컨텐츠 개발
    ginyeo.culturecontent.com
조선시대 대하소설을 통한 시나리오 창작소재 및 시각자료 개발
    story.culturecontent.com
조선시대 유배(流配)문화의 디지털콘텐츠화
    exile.culturecontent.com
조선시대 유산기(遊山記) 디지털콘텐츠 개발
    yusan.culturecontent.com
조선시대 탐라순력도의 디지털 콘텐츠 개발
    virtualjeju.culturecontent.com
조선왕조 아동교육 문화원형의 디지털콘텐츠화
    edu.culturecontent.com
조선의 궁중 여성에 대한 디지털콘텐츠 개발
    female.culturecontent.com
죽음의 전통의례와 상징세계의 디지털콘텐츠 개발
    jangrye.culturecontent.com
중국 문화원형에 기반한 문화콘텐츠 창작소재 개발지원
    chinastory.culturecontent.com
지역별 현지조사를 통한 한국 정령 연구를 통한 극장용 장편 애니메이션 제작
    doraefountain.culturecontent.com
천년고택 시나락
    ssinarack.culturecontent.com
"천년불탑의 신비와 일어서지 못하는 와불의 한" 운주사 스토리 뱅크
    unjusa.culturecontent.com

천하명산 금강산 관련 문화원형 디지털콘텐츠 개발
    gumgang.culturecontent.com
토정비결에 나타난 한국인의 전통서민 생활규범 문화원형을 시각 콘텐츠로 구현
    tj.culturecontent.com
표해록을 통한 시나리오 창작 소재 및 캐릭터 개발
    pyohaerok.culturecontent.com
한국 근대 여성교육과 신여성 문화의 디지털콘텐츠개발
    newwoman.culturecontent.com
한국 도깨비 캐릭터 이미지 콘텐츠 개발과 시나리오 제재 유형 개발
    dokkaebi.culturecontent.com
한국 무속 굿의 디지털콘텐츠 개발
    good.culturecontent.com
한국 승려의 생활문화 디지털콘텐츠화
    buddhist.culturecontent.com
한국 인귀설화의 원형 콘텐츠개발
    koreaghost.culturecontent.com
한국 호랑이 디지털콘텐츠 개발
    koreantiger.culturecontent.com
한국사에 등장하는 첩보활동 관련 문화콘텐츠 소재개발
    spy.culturecontent.com
한국설화의 인물유형분석을 통한 콘텐츠 개발
    koreastory.culturecontent.com
한국신화 원형의 개발
    myth.culturecontent.com
한국적 감성에 기반한 이야기 문화원형 디지털콘텐츠화
    koreanemotions.culturecontent.com

| 회화, 서예, 복식, 문양, 음악, 춤 등의 예술형 소재 |

게임제작을 위한 문화원형 감로탱의 디지털 가공
    gamroteng.culturecontent.com
고구려 고분벽화의 디지털콘텐츠개발
    koguryo.culturecontent.com
고려시대 전통복식 문화원형 디자인개발 및 3D제작을 통한 디지털 복원
    koryo.culturecontent.com
고문서 및 전통문양의 디지털 폰트 개발
    font.culturecontent.com
국악기 음원과 표준 인터페이스를 기초로 한 한국형 시퀀싱 프로그램 개발
    koreasound.culturecontent.com
국악대중화를 위한 정간보(井間譜) 디지털폰트 제작과 악보저작도구 개발
    jungganbo.culturecontent.com

국악선율의 원형을 이용한 멀티 서라운드 주제곡 및 배경음악 개발
km.culturecontent.com

국악장단 디지털콘텐츠화 개발
jangdan.culturecontent.com

궁중문양의 디지털콘텐츠 개발
royalpattern.culturecontent.com

만봉스님 단청문양의 디지털화를 통한 산업적 활용방안 연구개발
www.danchungmoonyang.com

무형문화재로 지정된 한국의춤 디지털콘텐츠 개발
koreadance.culturecontent.com

문화원형관련 동물아이콘 체계 구축 및 고유복식 착장 의인화(擬人化) 소스 개발
iconzoo.culturecontent.com

문화원형관련 복식디지털콘텐츠 개발
costumekorea.culturecontent.com

백두대간의 전통음악 원형지도 개발
bdmusic.culturecontent.com

범종을 중심으로 한 불전사물의 디지털콘텐츠 개발과 산업적 활용
sansa.culturecontent.com

부적의 디지털콘텐츠화 개발
amulet.culturecontent.com

아리랑 민요의 가사와 악보 채집 및 교육자료 활용을 위한 디지털콘텐츠 개발
arirang.culturecontent.com

악학궤범을 중심으로 한 조선시대 공연문화 콘텐츠 개발
d-joseon.culturecontent.com

암각화와 고분벽화 이미지의 재해석에 의한 캐릭터 데이터 베이스 작업 및 창작 애니메이션 제작
rock.culturecontent.com

우리 음악의 원형 산조 이야기
kukak.culturecontent.com

잃어버린 백제 문화를 찾아서(백제금동대향로에 나타난 백제인의 문화와 백제 기악탈 복원)
baekjehyangno.culturecontent.com

전통 자수문양 디지털콘텐츠개발
jasu.culturecontent.com

전통놀이와 춤에서 가장(假裝)하여 등장하는 인물의 콘텐츠 개발
dance.culturecontent.com

전통민화의 디지털화 및 원형 소재 콘텐츠개발
www.digitalminhwa.com

전통음악 음성원형 DB구축 및 디지털콘텐츠웨어 기획개발
pansori.culturecontent.com

조선시대 최고의 문화예술 기획자 효명세자와 〈춘앵전〉의 재발견
spring.culturecontent.com

조선왕실축제의 상징이미지 디자인 및 전통색채 디지털콘텐츠 개발
www.ewhacolordesign.com

종묘제례악의 디지털콘텐츠화
jongmyojeryeak.culturecontent.com

중요무형문화재 제13호 강릉단오제 문화원형 디지털콘텐츠 개발
　danoje.culturecontent.com
최승희 문화 원형 콘텐츠 개발
　choisunghee.culturecontent.com
탈의 다차원적 접근을 통한 인물유형 캐릭터 개발
　koreamask.culturecontent.com
한국 고서의 능화문(菱花紋) 및 장정(裝幀)의 디지털콘텐츠화
　bookart.culturecontent.com
한국 근대의 음악원형 디지털콘텐츠 개발
　music.culturecontent.com
한국 대표 이미지로서 국보 하회탈의 문화원형 콘텐츠 구축
　hahoemasks.culturecontent.com
한국 미술에 나타난 길상 이미지 콘텐츠 개발
　gilsang.culturecontent.com
한국불교 목공예의 정수 〈수미단〉의 창작소재 개발
　sumidan.culturecontent.com
한국 불화(탱화)에 등장하는 인물캐릭터 소재 개발
　teng.culturecontent.com
한국 전통 머리모양새와 치레거리의 디지털콘텐츠 개발
　hair.culturecontent.com
한국 풍속화의 문화원형 디지털콘텐츠 개발
　nanopic.culturecontent.com
한국의 소리은행 개발 – 전통문화 소재, 한국의 소리
　www.soundroot.com
한국의 전통 장신구 – 산업적 활용을 위한 라이브러리 개발
　ornamemt.culturecontent.com
한국 전통 문화공간인 정원과 정자의 창작소재화 개발
　koreaoldgarden.culturecontent.com
한국전통팔경의 디지털화 및 원형소재 콘텐츠 개발
　land.culturecontent.com
현대 한국 대표 서예가의 한글 서체를 컴퓨터 글자체로 개발
　sejongfont.culturecontent.com
흙의 미학, 빛과 소리 – 경기도자 문화원형의 디지털콘텐츠 개발
　g-ceramic.culturecontent.com

| 전투, 놀이, 외교, 교역 등의 경영 및 전략형 소재 |

고구려 백제의 실크로드 개척사 및 실크로드 관련 전투양식, 무기류, 건축, 복식 디지털 복원
　www.digitalsilkroad.com
고려 '팔관회'의 국제박람회 요소를 소재로 한 디지털콘텐츠 개발
　pgh.culturecontent.com

근대적 유통경제의 원형을 찾아서
economy.culturecotent.com
근대 초기 한국문화의 변화양상에 대한 디지털콘텐츠 개발
modernculture.culturecontent.com
기산풍속도(箕山風俗圖)를 활용한 19세기 조선의 민중생활상 재현
kisan.culturecontent.com
맨손무예 택견의 디지털콘텐츠화
taekkyon.cultuercontent.com
발해의 영역 확장과 말갈 지배 관련 디지털콘텐츠 개발
skkucult.culturecontent.com
온라인 RPG 게임을 위한 한국 전통 무기 및 몬스터 원천 소스 개발
www.koreanmonsters.com
우리 문화 흔적들의 연구를 통한 조선통신사의 완벽 복원
tongsinsa.culturecontent.com
유랑예인집단 남사당 문화의 디지털콘텐츠화 사업
namsadang.culturecontent.com
전통놀이 원형의 디지털콘텐츠 제작
www.koreangame.net
조선시대 국왕경호체제 및 궁궐과 도성방위체제에 관한 디지털콘텐츠 개발
king.culturecontent.com
조선시대 수영의 디지털 복원 및 수군의 군영사 콘텐츠 개발
navalbase.culturecontent.com
조선시대 암호(暗號)방식의 신호전달체계 디지털콘텐츠복원(兵將圖說, 兵學指南演義의 신호체계, 신호연,
봉수를 중심으로)
chosunpass.culturecontent.com
조선왕조 궁중통과의례 문화원형의 디지털 복원
palace.culturecontent.com
조선후기 상인(商人) 활동에 나타난 "한국상업사 문화원형"의 시각콘텐츠 구현
market.culturecontent.com
줄타기 원형의 창작소재 콘텐츠화 사업
jultagi.culturecontent.com
진법 자료의 해석 및 재구성을 통한 조선시대 전투전술교본의 시각적 재현
jin.culturecontent.com
초·중등학생 역사교육 강화를 위한 초·중등 학생용 '재미있는 역사 교과서'교재 개발(재미있는 디지털 한
국사 이야기Ⅰ, Ⅱ) − 한국 궁술의 원형 복원을 위한 디지털콘텐츠 개발
archery.culturecontent.com
한국무예의 원형 및 무과시험 복원을 통한 디지털콘텐츠 개발
yjc.culturecontent.com
한국 바다문화축제의 뿌리, '당제(堂祭)'의 문화콘텐츠화
dangje.culturecontent.com
한국사에 등장하는 '역관'의 외교 및 무역활동에 관한 창작 시나리오 개발
yukgwan.culturecontent.com
한국 전통무예 택견의 미완성 별거리 8마당 복원을 통한 디지털콘텐츠 개발 및 상품화 사업
taekyun.culturecontent.com

한민족 전투원형 콘텐츠 개발

battle.culturecontent.com

| 건축, 지도, 농사, 어로, 음식, 의학 등의 기술형 소재|

대동여지도와 대동지지의 3D 디지털 아카이브 개발

daedong.culturecontent.com

독도 역사 문화 환경의 디지털콘텐츠 개발

dokdo.culturecontent.com

사이버 전통 한옥마을 세트 개발

yetzip.culturecontent.com

사찰건축 디지털 세트 개발

jeolzip.culturecontent.com

서울의 근대공간 복원 디지털콘텐츠 개발

modernseoul.culturecontent.com

선사에서 조선까지 해상 선박과 항로, 해전의 원형 디지털 복원

koreanship.culturecontent.com

세계의 와인문화 디지털콘텐츠화

wine.culturecontent.com

앙코르와트의 디지털콘텐츠화

angkorwat.culturecontent.com

애니메이션 요소별 배경을 위한 전통건축물 구성요소 라이브러리 개발

goarch.culturecontent.com

옛길 문화의 원형복원 콘텐츠개발

oldroad.culturecontent.com

옛 의서(醫書)를 기반으로 한 한의학 및 한국 고유의 한약재 디지털콘텐츠화

herb.culturecontent.com

우리의 전통다리 건축 라이브러리 개발 및 3D디지털콘텐츠 개발

nexpop.culturecontent.com

전통 수렵(사냥) 방법과 도구의 디지털콘텐츠 개발

sanyang.culturecontent.com

전통시대 수상교통 – 뱃길(水上路) 문화원형 콘텐츠 개발

waterway.culturecontent.com

전통 어로방법과 어로도구의 디지털콘텐츠화

efishing.culturecontent.com

전통 한선(韓船) 라이브러리 개발 및 3D 제작을 통한 디지털 복원

hansun.culturecontent.com

조선시대 궁궐조경의 디지털 원형 복원을 통한 전통문화 콘텐츠 리소스 개발

ecdg.culturecontent.com

조선시대 궁중기술자가 만든 세계적인 과학문화유산의 디지털 원형복원 및 원리이해 콘텐츠개발

cheonmun.culturecontent.com

조선시대 조리서에 나타난 식문화원형 콘텐츠 개발
    joseonfood.culturecontent.com
조선시대 흠휼전칙(欽恤典則)에 의한 形具 복원과 刑 執行 事例의 디지털콘텐츠 개발
    hyunggu.culturecontent.com
조선후기 궁궐 의례와 공간 콘텐츠 개발
    digitalpalace.culturecontent.com
조선후기 사가(私家)의 전통가례(傳統嘉禮)와 가례음식(嘉禮飮食) 문화 원형 복원
    jilsiru.culturecontent.com
조선후기 한양도성의 복원을 통한 디지털 생활사 콘텐츠 개발
    digitalhanyang.culturecontent.com
풍수지리 콘텐츠개발
    fengshui.culturecontent.com
한강을 중심으로 하는 생활문화 콘텐츠 개발
    hanriver.culturecontent.com
한국 산성 원형의 디지털콘텐츠 개발
    sansung.culturecontent.com
한국석탑의 문화원형을 이용한 디지털콘텐츠 개발
    pagoda.culturecontent.com
한국 술문화의 디지털콘텐츠화 – 고대부터 근대까지의 한국 전통주를 중심으로
    koreanliquor.culturecontent.com
한국의 고인돌 문화 콘텐츠 개발
    goindol.culturecontent.com
한국의 24절기(節氣)를 이용한 디지털콘텐츠 개발
    solarterms.culturecontent.com
한국인 얼굴 유형의 디지털콘텐츠개발
    koreanface.culturecontent.com
한국전통가구의 디지털콘텐츠 개발 및 산업적 활용방안 연구
    gagu.culturecontent.com
한국 전통건축, 그 안에 있는 장소들의 특성에 관한 콘텐츠 개발
    korealike.culturecontent.com
한국 전통 도량형의 디지털콘텐츠화
    pyojun.culturecontent.com
한국전통목조건축 부재별 조합에 따른 3차원 디지털콘텐츠 개발
    mokjo.culturecontent.com
한국 전통 일간과 철제연장 사용의 디지털콘텐츠 개발 – 금속생활공예품 제작을 중심으로
    metal.culturecontent.com
한국천문, 우리 하늘 우리 별자리 디지털 문화콘텐츠 개발
    cosmos.culturecotent.com
화성의궤 이야기
    hwaseong.culturecontent.com